THE WILLPOWER INS

自控力

刘文华◎编著

中国出版集团
中译出版社

图书在版编目（CIP）数据

自控力 / 刘文华编著 . —北京：
中译出版社，2020. 1（2024.9重印）
ISBN 978 - 7 - 5001 - 6173 - 8

Ⅰ.①自… Ⅱ.①刘… Ⅲ.①自我控制－通俗读物
Ⅳ.①B842. 6 –49

中国版本图书馆 CIP 数据核字（2020）第 002340 号

自控力

出版发行 / 中译出版社
地　　址 / 北京市西城区车公庄大街甲 4 号物华大厦 6 层
电　　话 / （010）68359376　68359303　68359101　68357937
邮　　编 / 100044
传　　真 / （010）68358718
电子邮箱 / book@ctph. com. cn

规　　格 / 880 毫米 ×1230 毫米　1/32			
责任编辑 / 范　伟	**印　　张** / 6		
封面设计 / 泽天文化	**字　　数** / 135 千字		
印　　刷 / 三河市宏顺兴印刷有限公司	**版　　次** / 2020 年 7 月第 1 版		
经　　销 / 新华书店	**印　　次** / 2024 年 9 月第 5 次		

ISBN 978 - 7 - 5001 - 6173 - 8　　　　定价：39.80 元

前　言

　　所谓自控力，就是一个人控制个人情感和行为的能力。

　　人与动物的根本区别，就在于人是有思想的，因而人可以根据一定的目的，理智地控制自己的感情和行为，而不是仅凭生物本能去做事。

　　但是，有不少人缺乏这种自控力，他们只凭喜好去做任何事情，毫无节制，甚至放任自己随波逐流。

　　在人生的路上，失去自控力将会使我们在欲望的泥沼中无法自拔。

　　对饮食缺乏自控力，可能让你变成一个二百五十斤的大胖子；

　　对学习缺乏自控力，可能让你成为全班的吊车尾；

　　对工作缺乏自控力，可能让你由于业绩太差而被解雇；

　　对情绪缺乏自控力，可能让你由于一时冲动而犯下无法弥补的大错。

常言道："从善如登，从恶如崩。"做好的事情总是像登山一样困难，需要强大的自控力，才能保证不会半途而废；而做坏的事情就像雪崩一样，只要一时放松自己，就会滑向无底的深渊。

而自控力正是一条牵引我们的绳子，在我们登山途中想要放弃的时候，拉着我们继续向上；在我们即将放纵堕落的时候，拖住我们向下的脚步。

本书分为九章，从目标、行为、心态等多个方面讲述了自控力的重要性，希望可以帮助读者朋友提高自控力，一步一步走向成功。

目　录

第一章
自控力成就非凡人生

有了自制力，就不会向人翻脸，或暴露出足以引起不满的弱点来。

——莱特

我们没有必要比别人更聪明，但我们必须比别人更有自制力。

——巴菲特

富贵不能淫，贫贱不能移，威武不能屈，此之谓大丈夫。

——孟子

自控让人生更美好

自控力对我们的整个人生来讲都是非常重要的，美好的人生需要建立在自我控制的基础上。

据说有个名叫罗纳德三世的贵族，曾是正统公爵。他的弟弟与其政见不合，把他推翻了。他的弟弟既想摆脱这位公爵，又实在不忍心杀死他。他对公爵毫无自控力的情况了如指掌，便想了一个很实用的办法。为了监禁他，弟弟命人把牢房的门改得比以前窄了一些。

罗纳德三世本来就身高体胖，胖得根本就出不了牢门。但弟弟还是做出了承诺，只要罗纳德三世能成功减肥，并能自己走出牢门，就答应让他重获自由，甚至恢复原来的爵位。可惜的是，罗纳德三世无法抵挡弟弟每天派人送来的美味佳肴的诱惑，结果不但没有减肥，反而更胖了。

从上述中我们不难看出，一个没有自控力的人就像被关在铁栅栏里的囚犯，永远不能走出牢笼。任何一个优秀的人都明白：如果没有自控力，就永远不可能走向成功，实现理想。

我国古代著名的思想家孟子曾说："天将降大任于斯人也，必先苦其心志，劳其筋骨，饿其体肤，空乏其身，行拂乱其所为，所以动心忍性，曾益其所不能。"讲的就是磨炼意志，增强自控力的重要性。

传记作家、教育家托马斯·赫克斯利曾说："教育最有价值的成果，就是培养了自控力，不管是否喜欢，只要需要就去做。"

培根曾经说过"知识就是力量"，他还说过一句话："一分克制，就是十分力量。"由此可见，自控力之重要。

自控力同其他任何事物一样，都是一个矛盾体，其中一方是感情，另一方是理智。

再看下面两个例子。

一位成功学的著名学者拿破仑·希尔曾对美国各监狱的16万名成年犯人做过一项调查研究，发现这些遭天谴的男女犯人之所以沦落到牢狱中，有90%的人是因为缺乏必要的自控能力。自控力不强，不但给他人、家庭和社会造成了伤害，而且自己也受到了应有的惩罚，受到了法律的制裁。

小王是某师范学院中文系的学生，自从买了电脑便迷上了网络游戏。由于长期缺少跟班里同学的正常交流，他感觉自己无法融入集体，得不到集体的温暖，因此越感觉空虚，就越迷恋网络，以致整天不去上课，就连任课老师都不知道班里竟然还有小王这个学生。一个学期下来，他的7门功课有5门需要补考。根据校规，他受到了应有的惩罚，最后只能追悔莫及。由于小王的自控力极差，导致了他学业的失败。

这两个作为因自控力差造成恶果的例子，非常具有代表性。对人们来说，自控力极其重要，如果一个人的自控力不强，那么他的成就一定是非常有限的。研究人员通过一面单面镜观察孩子们的举动，他们在等待期间的行为总会使观察者捧腹大笑，有些孩子经受住了15分钟的考验，他们能成功地把注意力从诱人的奖励上移开。

10年或更长的时间之后，其中那些忍住了诱惑和没忍住诱惑的孩子之间会出现相当大的差别。忍住了诱惑的孩子在认知事物，尤其是高效地重新分配注意力方面的控制力要强许多。当他们年轻时，染上毒品的概率更小。智力水平的巨大差别也随之出现：在4岁时表现出更强的自我控制能力的孩子在智力测验中得到了高得多的分数。

认识到自控力的重要性，积极调整好心态，以极大的热情投入火热的生活中，我们的生活将快乐无比。

懂自控才有自由

没有自由，人如同笼里的鸟，即使是黄金做的笼子，也断无快乐幸福可言。但在追求自由的路上，别忘了"自控"这个词，因为自由恰恰源于自控。

例如，每个人都有享受美食的自由，可是当这种自由因为无限的扩张而失去控制时，自由就会被肥胖以及由此带来的一系列疾病束缚，节食减肥就是在享受这种自由后不得不付出的代价。

吸烟、喝酒也一样。当做不到自控地享受这些自由时，那无疑是在作茧自缚，并有可能从此被剥夺享受这些自由的权利。

更极端的是，一些不知自控或不能自控的人，见色起心或见财生念，一时冲动做出违背刑律的荒唐事，将自己送入囹圄，彻底告别自由。

控制自己不是一件非常容易的事情，因为我们每个人心中永远存在着理智与情感的斗争。自我控制、自我约束也就是要一个人按理智判断行事，克服追求一时情感满足的本能愿望。一个真正具有自我约束能力的人，即使在情绪非常激动时，也能够做到这一点。

自我约束表现为一种自我控制的感情。自由并非来自"做自己高兴做的事"，或者采取一种不顾一切的态度。如果任凭感情支配自己的行动，那便使自己成了感情的奴隶。一个人，没有比为自己的感情所奴役而更不自由的了。

无法自控的人难以取得卓越的成就。所有的自由背后都有严格的自控做保证，人一旦无法控制自己的情绪、惰性、时间、金钱……那他将不得不为这短暂的自由付出长远的、备受束缚的代价。

无法自控定被他制。如果不希望成为被他人判处约束的"无期徒刑"或"死刑"，你就得好好管住自己。

自控是成功的基础

自控，就要克服欲望。

人有七情六欲，此乃人之常情。古语有："食色美味，高屋亮堂，凡人即所想得，但得之有度，远景之事，不可操之过急，欲速则不达也，故必控制自己。否则，举自身全力，力竭精衰，事不能成，耗费枉然。又有些奢华之事，如着华衣，娱耳目，实乃人生之琐事，但又非凡人所能自克，沉溺其中而不能自拔，就不是力竭精衰的小事了，人必然会颓废不振，空耗一生。"

有一次，小江和办公大楼的管理员发生了一场误会，这场误会导致了他们两人之间彼此憎恨，甚至演变成激烈的敌对态势。这位管理员为了显示他对小江的不满，在一次整栋大楼只剩小江一个人时，他立即把整栋大楼的电闸关掉。这种情况发生了几次，小江决定进行反击。

一个周末的下午，机会来了。小江刚在办公桌前坐下，电灯灭了，小江跳了起来，奔到楼下锅炉房。管理员正若无其事地边吹口哨边铲煤添煤。小江恼羞成怒，以异常难听的话辱骂对方，而出人意料的是，管理员却站直身体，转过头来，脸上露出开朗的微笑，以一种充满镇静与自控力的柔和声调说道："呀，你今天晚上有点儿激动吧？"

完全可以想象小江是一种什么感觉，面前的这个人是一位文盲，有这样那样的缺点，但他却在这场战斗中打败了小江这样一位高层管理人员，况且这场战斗的场合以及话题都是小江挑选的。

小江非常沮丧，他恨这位管理员恨得咬牙切齿，但是没用。回到办公室后，他好好反省了一下，觉得唯一的办法就是向那位管理员道歉。

小江又回到锅炉房，轮到那位管理员吃惊了："你有什么事？"

小江说："我来向你道歉，不管怎么说，我不该开口骂你。"

这话显然起了作用，那位管理员不好意思起来："不用向我道歉，刚才并没人听见你讲的话，况且我这么做，只是泄泄私愤，对你这个人我并无恶感。"

你听，他居然说出对小江并无恶感这样的话来。小江非常感动，两人就那么站着，居然还聊了一个多小时。

从那以后，两人成了好朋友。小江也从此下定决心，以后不管发生什么事，绝不再失去自控。因为一旦失去自控，另一个人——不管是一名目不识丁的管理员还是一名知识渊博的人，都能轻易将他打败。

这件事告诉我们：一个人必须先控制自己，才能控制别人。

自控不仅仅是人的一种美德，在一个人成就事业的过程中，自控也可助其一臂之力。

有所得必有所失，这是定律。因此说，要想取得并不是唾手可得的成功，就必须付出努力，自控可以说是努力的同义语。

人最难战胜的是自己。换句话说，一个人成功的最大障碍不是来自外界，而是自身，除了力所不能及的事情做不好之外，自身能做的事不做或做不好，那就是自身的问题，是自控力的问题。

而拥有自控力的人，总能控制住自己的言行，不说错误的话，不做错误的事。长此以往，又怎么可能不成功呢？

自控的前提是摆脱外界干扰

智能手机出现后，很多人习惯一回家就躺在沙发上，玩玩手机，刷刷微博和微信。虽然有时候也会无聊，但还是会玩上几个小时。

因为玩手机，我们忘记了打扫房间、草草地吃完谈不上健康的晚餐，然后等到了休息的时间才上床睡觉。只有这一刹那，我们才突然想到，今天晚上的时间全都虚度了。于是，我们告诉自己，明天不能这样玩手机，但第二天我们早已忘记并依旧如此。

原因何在呢？实际上，我们根本没有意识到，是手机而不是自己在控制我们的夜晚。

当然，这只是一个假设，我并不是教你反娱乐那套，然后回到穴居人类的时代，而是希望我们通过这样的假设明白，除了自己之外，任何事物都应该是被我们利用的工具，用来打造美好的人生，而不是将我们的人生献给它们。只有自控力可以帮助我们做到这一点。

自控力的缺失，成为许多人自我改善和发展的瓶颈。或许他们从词义上首先需要明确什么是自控力，就是对自我控制的力量。作为自我的主宰，我们有必要完全控制好自己。

具体地说，当我们重视自控力的时候，就能够正确及时地做那些应该做的事情，表现出应有的状态。否则，其他的力量——无论是坏习惯，还是他人，或者周围的环境——都会乘虚而入，直接对我们进行控制。

正因为如此，实际上，讨论自控力也能看作如何保护自己的能力。不妨这样去想象：如果我们不把改变自己看作对自己的战胜，而是看作对外部势力的驱赶，又会怎样呢？当我们面对强行进入内心的敌人，第一个本能的反应应该是击败它们，并遏制其连续反击，这样才能避免自我的逃避或者退缩。

即使是内心再软弱、控制力再差的人，也并非没有击败外部力量的能力，而是他们将自己的控制能力压抑了。于是，这种能量就不能在正确的途径上发挥，而是转化为其他负面的影响和控制。

我们可以设想一个很常见的例子。

当我们在电脑前写作明天要交给客户的报告时，屏幕右下角朋友的QQ头像却在不断地闪动。我们本来想要关掉QQ，但又怕错过了什么圈子的八卦，于是我们开始不断纠结，是去看那条消息，还是继续面对给客户的报告？

我们内心本应用于牢固防守自我心智的控制力开始分散，一部分被用来维护写报告的注意力，另一部分用来抵抗朋友的消息。然而，这样的自我矛盾与斗争，已经让我们输了。

想想看，不论是团队，还是个体，有多少能禁得起内部的分裂和斗争呢？我们都是普通人，没办法成为既是天才又是疯子、既是英雄又是小人的奇才，因此，当我们将控制力分散的同时，也将面对失败的结局。

这就是我们为什么要自我改变、自我控制的原因。

最好的控制，不是去费力地抵抗外界的因素，而是摆脱。摆脱那些错误的、不需要的、来自外界的控制，将自己完全地、和善地交给内心，这才是控制力的本质和真谛。

其实，从另一方面看，生命中的任何际遇、感受、冲动和欲望，只要它存在，就有其必然。承认这一点，我们就能明白：那些来自外部的力量，并不能改变我们的人生，而是为了让我们的生命更完整、更快乐。因此，当发现这些力量的存在是对我们正面影响时，我们应该做的是用平常心态去对待，并正确面对这些我们的内心可能不愿承认的力量。这样，我们就能化解其带来的冲击力，尝试着将它们变为我们的朋友。我们不会再被它们控制，因为这些力量已经被我们化解，而与我们平等对话、相互影响。

当我们吸收了外界的这些能量之后，通过自我引导，我们将获得更强大的内心，从而变得更完整。这样，改变的人生状态就会到来，我们将会感到从过去的烦恼中解脱出来，并因此感到平安喜乐的可贵。

例如，在前面的那个假设案例中，我们总是控制不住自己去看右下角的消息。单纯的害怕，让我们不愿去看，我们想压制这种来自外界的力量，但我们的压制使这种力量变得更强，并很可能最终控制我们——我们可能会想："不管了，先跟朋友聊聊吧。"然后我们就不再写报告了。

正确的解决方式是怎样的呢？

先把这种来自外界的力量看作内心的"朋友"，去问问它：到底想要什么，它真的应该控制我们吗？

答案是否定的。当我们询问这位"朋友"的时候，它会告诉我们：我们需要和朋友交流、聊天，从中得到放松和慰藉，把我们从枯燥的报告和严肃的客户面前解脱出来。

这样，我们就能心平气和地看待这股力量，并尝试告诉它，我们的确需要这些，但我们现在需要的是集中精力做好报告、面对客户。等这些结束后，我们将会很好地休息，并同QQ好友分享这样的快乐。

当我们在内心这样告诉它后，有趣的事情就发生了。我们突然发现，这个"朋友"停止了对我们的"进攻"和"控制"，不再那样反对我们了。

现在，我们已经完全被自己控制了。

自控力没有那种疯狂励志的表现，我们不需要站在镜子面前大声呼喊："我是最棒的！我可以控制好自己！我一定能做到！"

自控力不需要这样。自控力是一种对自我的正视，对内部和外部的包容，是宽和并蓄的力量。做到自控的，最重要的就是尝试让自己不被任何负面力量控制。

认识到这一点，我们就会走上提升自我控制力的康庄大道。

点滴小事也须自控

如果你今天早上计划做某件事，但因昨晚休息得太晚而困倦，你是否会义无反顾地披衣下床？

如果你要远行，但身体乏力，你是否要停止远行的计划？

如果你正在做的一件事遇到了极大的、难以克服的困难，你是继续做呢，还是停下来等等看？

对诸如此类的问题，若在纸面上回答，答案一目了然，但若放在现实中，自己去拷问自己，恐怕也就不会回答得这么利索了。事实是，有那么多的人在生活、工作中遇到了难题，都被打趴下了。他们不是不会回答这些简单的问题，而是缺乏自控力，难以控制自己。

要拥有非凡的自控力，并非看几本书，发几个誓就能立刻见效。九尺之台，起于垒土。通过一件又一件的小事来锻炼自己的自控力，是提升自控力的一个切实可行的方法。

1976年，曾连续二十年保持美国首富地位的"石油大王"，象征石油财富和权力的保罗·盖蒂去世，留下巨额遗产，按照他的遗嘱，将20多亿美元遗产中的13亿美元交给"保罗·盖蒂基金会"。

保罗·盖蒂曾不止一次地对他的子女们说：一个人能否掌握自己的命运，完全依赖于自我控制力。如果一个人能够控制自己，他就不必总是按喜欢的方式做事，他就可以按需要的方式做事。这正是人生成功的要点。

保罗·盖蒂是一个富家子弟，年轻时不爱读书爱浪荡。有一次，他开着车在法国的乡村疾驰，直到夜深，天下起了大雨，他才在一个小城镇找一家旅馆住下来。

他倒在床上准备睡觉时，忽然想抽一支烟。当时他正处在戒烟的过程中，口袋里一支烟也没有。

他索性从床上爬起来，在衣服里、旅行包里仔细搜寻，希望能找到一支不小心遗漏的烟，但他什么也没有找到。

他决定出去买烟。在这个小城镇，居民没有过夜生活的习惯，商店早就关门了，他唯一能买到烟的地方是远在几公里之外的火车站。

当他穿上雨鞋、披上雨衣，准备出门时，心里忽然冒出一个念头："难道我疯了吗？我已经决定戒烟了，如今居然想在半夜三更，离开舒适的被窝，冒着倾盆大雨，走好几公里路，只是为了抽一支烟，真是太荒唐了！"

他站在门口，默默思考着这个近乎失去理智的举动。他想，如果自己如此缺乏自控力，能干什么大事？

他决定不去买烟，重新换上睡衣，躺回被窝。

这天晚上，他睡得特别香甜。早上醒来时，他浑身轻松，心情很愉快，因为他彻底摆脱了一个坏习惯的控制。从这天开始，他再也没有抽过烟。

　　对于保罗·盖蒂来说，戒烟的真正意义不在于戒烟本身，而在于戒烟成功后对自己意志与自控力的磨炼与提升。因此，对于本节前面所提的点滴小事，若能有所警醒，和惰性与惯性作斗争并最终取胜，对于自己自控力的提升会有莫大的帮助。

第二章
控制自己的目标

不是每个人都应该像我这样去建造一座水晶大教堂，但是每个人都应该拥有自己的梦想，设计自己的梦想，追求自己的梦想，实现自己的梦想。梦想是生命的灵魂，是心灵的灯塔，是引导人走向成功的信仰。有了崇高的梦想，只要矢志不渝地追求，梦想就会成为现实，奋斗就会变成壮举，生命就会创造奇迹。

——罗伯·舒乐

目标要远大，不达目的决不罢休。

——波·杰克逊

我们的生活就像旅行，思想是导游者，没有导游者，一切都会停止。目标会丧失，力量也会化为乌有。

——歌德

有目标更易自控

朋友小李自幼丧母，初中未毕业就走向社会，跟随老乡在各个城市的基建工地混饭吃，学会了社会上很多的不良习气，赌博、打架等，大错不犯、小错不断。他的少年时代就在懵懂与磕碰中流逝，到了20岁出头，遇上了一个可心的女孩，方才行事稍微有些收敛。

小李和女朋友没有结婚，两人一直同居着。有了"老婆"的小李，也开始为自己的将来做一些谋划与打算。他谁也靠不上，爸爸几年前再婚，并且又有了一个同父异母的小弟弟，后妈和自己完全不咬弦。再说，他家里的情况本来就比较寒酸。至于"老婆"家，一则也是很普通的人家，二则一直反对他们在一起，指望他们也是不可能的。

在城市里生存的贫寒"小夫妻"，日子虽然甜蜜，但总是难免有"贫贱夫妻百事哀"的时候。稍微有些收心的小李终于在一次手里没钱时犯了傻，因为一时的冲动，抢了的士司机的钱。抢得不多，但终归是抢劫，很快就被抓住，判了四年刑。

坐了三年多的牢后，小李因为表现优异提前释放。重回社会后，一切都变了。他原先的"老婆"已经结婚生子，对象居然是小李原先打工的包工头小彭。小彭那几年拜房地产开发的热火，赚了好几十万元，因此小日子过得颇为红火。小李当时接受不了这一现实，准备动刀子解决问题。我知道情况后极力劝阻他，从各个角度进行说服后，他最终被我的"激将"法打消疯狂的报复念头。

我告诉他：如果他真的有本事，就做一个比小彭更大的包工头，最好是做包工包料的大包工头，让小彭在自己的手下拿工程；不要靠刀子征服小彭和曾经的女友，要靠实力来说话。

小李被我的激将法激起了壮志后，果然冷静了下来，不再提动刀子的事情。当然，白手创业的过程是艰难的，但七八年后的今天，30多岁的小李一步一步地变成了一个不大不小的包工头，偶尔也包工包料。

我在这中间曾经问过他，是否还要打架赌博，他回答："唉，哪有时间，忙正事都忙不过来，现在我根本就懒得想那些打打杀杀的事情，就是谁打到我头上我也能躲就躲、能忍就忍，这些事情根本就不值得放在心上。"

目标居然彻底改变了一个浪子。实际上，当时我的也只是想打消他疯狂的冲动而救急的说辞。但他听进了耳，立下了自己的目标，并为了这个目标而逐渐改变了自己的坏脾气和坏习惯。这是当初我劝说他时实在没有想到的。

事情过后，想想也是：一个心有目标并且不达目标不罢休的人，必定是心无旁骛，哪里犯得着为目标以外的其他事情而触动、而冲动？

当然，目标并非根治容易冲动的万能药。事实上，有目标的人在追逐目标时也可能会冲动——如何避免不必要的冲动并引动好冲动在我们后面的章节里会提及，但至少，能够减少许多与目标无关的冲动。这就是有目标对于避免冲动的意义之所在。

树立目标才能鞭策自己

曾有人巧妙地把人生比喻成一条船。

在人生的海洋中，大约有95％的船是无舵船，这些船总是漫无目的地漂泊，面对风浪海潮的起伏变化，船主束手无策，只有听其摆布，任其漂流，结果它们要么触岩，要么撞礁，统统沉入海底。

还有约5％的船，它们有自己的航行方向和目标，船主又研究了最佳航线，同时学习了航海技巧。于是，这些船从此岸到彼岸，从此港到彼港，总是有计划地前进，最后都能成功到达目的地。

从这两种船的不同的命运轨迹中，我们可以清楚地看到：找准目标才能完美执行，完美执行才能收获成功。

工作尤其如此。

身为员工，我们若是在工作中没有明确的目标，总是游移不定，朝秦暮楚，那不管我们如何努力做事，结果都会像是一条失去方向的船。

有这样一个有趣的小故事。

美国第32任总统罗斯福的夫人在本宁顿学院念书时，要在电讯业找一份工作，她的父亲为她约好了当时担任美国无线电公司董事长的萨尔洛夫将军。

罗斯福夫人回忆说，将军问我想找哪种工作，我说："随便吧。"将军对我说："没有一种工作叫随便，成功的道路是目标铺成的。"

没错，明确的目标对于一个人的成功确实有着不可估量的价值。在实际的工作中，一个人如果能在找准目标后立即展开行动，那他每做一件事情，每解决一个问题，都意味着他离成功更近了一步。

总之，有了目标，我们做事就有了热情，有了动力，有了积极性，有了使命感。目标就是我们的"指南针"，它为我们指明了做事的方向。目标是工具，它赋予我们把握命运的方法；目标是路标，它把我们引向充满机会和希望的路途中。

成功人士最明显的特征就是，他们往往在做事之前，就清楚地知道自己要达到一个什么样的目标，清楚为了达到这样的目标，哪些事是必须做的，哪些事是无足轻重的。他们总是在一开始时就怀有最终目标，因而总是能迅速地投身到工作中去，最后取得事半功倍的卓越效果。

本田公司的创始人本田宗一郎1906年出生于日本静冈县，1922年离开家乡来到东京，进入一家汽车修理厂当学徒。他非常勤奋，没多久就成为一名优秀的修理工。1928年，本田宗一郎开办了一家自己的汽车修理厂，经营得非常成功，但这并不是他所追求的目标。

1934年，本田宗一郎关闭了汽车修理厂，同时成立了东海精密机械公司，主要生产活塞环，并为丰田汽车供货，但这仍然不是本田宗一郎的最终目标。

本田宗一郎在年轻的时候，虽然一无所有，但有一个雄心勃勃的梦想，他给自己定下了一个目标，那就是要跻身世界最大汽车制造商的行列。

开办汽车修理厂和生产活塞环，都只是为了实现这个远大目标所做的铺垫。因此，在1945年，他将蒸蒸日上的东海精密机械公司卖给了丰田公司，并于1946年创建了今天的本田技术研究所，开始研发、生产摩托车。

现在，本田宗一郎的这一目标早已经实现。在全球小轿车市场，本田的产销量和市场份额与日俱增，和通用、福特、丰田、戴姆勒–克莱斯勒共同跻身于全球最著名的汽车销售商之列。

可以看到，从开始工作的那一刻起，本田宗一郎就为自己的职业生涯制定了一个长远且明确的目标。为了实现这个目标，他立即展开行动，从最基层的学徒做起，一步一个脚印，直至获得最终的成功。

行走职场，目标就是我们前进的方向，它能催生我们的执行动力，让我们马不停蹄地展开行动。也正是因为它，当我们在工作中遇到各种困难时，才会有坚韧不拔的毅力去面对、去克服。

美国杜邦公司的副总裁卡尔夫曾经说过："最悲哀的事情莫过于，有那么多的年轻人，从来就不知道自己想要干什么。在工作中获得的仅仅是薪水，而其他的却一无所获，这是件让人多么伤心的事情啊！"

很显然，卡尔夫所说的那些从来不知道自己想要干什么的年轻人，正是一群没有明确的工作目标的员工。因为没有找准目标，所以他们在工作中就不知道该朝着哪个方向去展开行动，最后当然也就一事无成。

因此，为了避免成为这样的员工，我们一定要找准工作目标，然后朝着这个目标不断努力，用自己的实际行动去换取一个光明璀璨的未来！

目标会引领你不断向前

梦想是人类改造社会的动力，可以说，世界的进步就是由无数梦想支持实现的。

英国有个叫布罗迪的教师，一天，在整理阁楼上的旧物时，发现了一沓练习册。这些练习册是皮特金幼儿园B（2）班31个孩子的春季作文，题目叫《未来我是一》。

他原本以为这些东西在德军空袭伦敦时，在学校里被炸飞了。想不到的是，这些东西竟然还安然无恙地放在自己家里，一放就是50年。

布罗迪翻了几本，被孩子们千奇百怪的自我设计迷住了。

一个名叫彼得的小家伙说，未来的他是海军大臣，这是因为有一次他在海中游泳，喝了3升海水，差点被淹死。

一个说，自己将来是法国的总统，他能背出25个法国城市的名字，同班的同学最多的只能背出7个。

一个叫戴维的小盲童认为，他将来一定是英国的一个内阁大臣，因为在英国迄今为止没有一个盲人进入过内阁。

31个孩子在作文中都描绘出了自己的未来：有的想当驯狗师，有的想当领航员，还有的想当王妃……这些愿望五花八门，应有尽有。

读着这些作文，布罗迪有一种冲动——为什么不把这些本子重新发到同学们手中，让他们看看现在的自己是否实现了50年前的梦想。

当地一家报纸知道了他的想法，就替他免费发了一则启事。没过多长时间，布罗迪就收到大量的书信。写信的人中有商人、学者及政府官员，还有的是没有身份的人，他们都表示，很想知道自己儿时的梦想，同时，都希望得到那本作文簿。于是，布罗迪按地址一一给他们寄去。

一年后，布罗迪身边还剩下一个作文簿没人索要。他想，这个戴维也许死了。50年了，没有人知道会发生什么事。

就在布罗迪准备把本子送给一家私人收藏馆时，他收到内阁教育大臣布伦克特的一封信。他在信中说："那个叫戴维的人就是我，感谢您还为我们保存着儿时的梦想。不过我已经不需要那个本子了，从那时起，我的梦想就始终在我的脑子里，我没有一天放弃过。50年过去了，我已经实现了自己的梦想。只是今天，我想通过这封信告诉我的30位同学，只要不让年轻时的梦想随风飘逝，总有一天会成功。"

布伦克特的这封信被发表在《太阳报》上，他作为英国第一位盲人大臣，用行动证明了一个真理，假如谁能把6岁时想当总统的愿望保持50年，那他现在一定已经是总统了。

对于梦想的追求，是重要的力量，加以利用就可使自己获得好处。没有梦想的人就像一块没有电的电池。梦想是伟大的力量，你可以利用它来补充身体缺乏的精力，发展出坚强的个性。

富人多是忠于现实、对未来有梦想的人，能踏踏实实地走好自己的每一步。他知道自己是从什么地方来，又该到什么地方去，不会在自己的人生旅途中迷失自我。

有人却认为生来世界就不公平，没有提供良好的发展基础，没有创造更多的发展机遇，没有铺设施展才华的舞台。

年轻人多用悲观消极的方式审视自己的道路，总对自己的环境满腹牢骚。他看不到发展的道路，不敢向前一步，对时代、对人生、对自己都充满了怀疑，在愤怒和绝望中浪费着自己的时间和精力。

在一些年轻人眼里没有什么是"可行"的事情，他们总认为自己是天下最倒霉的人。

每个人的梦想和现实之间都有距离，绝大多数人的梦想会被现实一次次地击碎。

有些人上学时说，要成为比尔·盖茨，要成为世界上最富的人。参加工作以后，才发现成为世界首富太不容易，就退而想成为中国的首富；几年后，又觉得成为中国首富也是很难的事情；于是，就再次降低梦想，梦想着成为本省的首富；再最后就是当自己这个班组里最有钱的人，最终是下了岗。

千万不能降低梦想，有梦想你就能够越挫越勇，才可能实现它。

看一看比尔·盖茨的梦想：将来，在每个家庭的每张桌子上面都有一台个人电脑，而在这些电脑里运行的是自己编写的软件。

在这一伟大梦想的带动下，那个伟大的软件公司——微软公司诞生了！

在微软公司的推动和影响下，软件业经历了"从无到有"的过程，从而发展到今天的繁荣昌盛。

请渴望财富的年轻人记住：伟大的梦想造就了天才，并促使天才追逐自己的梦想走向成功。

明确目标是成功的前提

每次顺顺休假回国的时候，都会成为我的免费代购员。

今年已经是她去日本的第三个年头。

几年前，我们在同一家公司任职，分属两个不同的部门。后来，我们又一同辞职，我开了自己的工作室，她出国留学。

当时很多人都对她的选择表示惋惜，辞去这样一个职位不低、收入不错的工作，况且年近30岁了仍单身，去另一个国度重新开始，风险未免太大。

当时公司极力挽留，但她还是义无反顾地走了，就这样一头闯进霓虹国的茫茫人海。

后来我们一直联系不断，知道她读了心仪大学的研究生，还没毕业，已经接到了一家大公司的offer。

而之前我们一同离职的那家公司，已经在激烈的市场竞争中势如累卵，摇摇欲坠。

不难想象，如果当初她在公司大幅加薪的挽留下放弃出国读书，如今将是怎样的境遇。

志在山顶的人，不会留恋山腰的风景；中途的景色再美，也比不过站在最高处的一览众山小。

曾经有两位心理学家宣称，他们发明了一种绝对正确的智能测验方法。

为了证实自己的研究成果，他们选择了一所小学的一个班级，帮全班的学生做了一次测验，并于隔日批改试卷后，公布了该班5名天才儿童的姓名。

20年后，追踪研究的学者专家发现，这5名天才儿童长大后，在社会上都做出了极为卓越的成就。这项发现引起了教育界的重视，他们请求那两位心理学家公布当年测验的试卷，弄清其中的奥秘所在。

那两位早已满头白发的心理学家，在众人面前取出一只布满尘埃、封条完整的箱子，打开箱盖后，告诉在场的专家及记者："当年的试卷就在这里，我们完全没有批改，只不过是随便抽出了5个名字，将名字公布。不是我们的测验准确，而是这5个孩子的心态很好，再加上父母、师长、社会大众给予他们的协助，使得他们成为真正的天才。"

年轻人的未来取决于他的人生目标。人生目标可以重塑一个人的性格，改变一个人的生活，也可以影响他的动机和行为方式，甚至决定命运。每个人的生活都是在人生目标的指引下进行的。如果思想苍白、格调低下，生活质量也就趋于低劣；反之，有较高的目标和追求，生活则会多姿多彩，尽享人生乐趣。

我们常听到人们谈论天赋、运气、机遇、智力和优雅的举止对于一个人的成功是多么重要。但是，如果有了这些条件却没有远大的目标，也是不会成功的。

年轻人最大的绊脚石往往是这种错误的想法：认为天才或成功是先天注定的。

固然，一粒煮熟的种子即便在适宜的环境下也不会发芽、生长。但是，只是因为自己成不了高大的橡树，不可能像橡树一样又高又直，就不相信自己的能力，就在犹豫和彷徨中浑浑噩噩地度过一年又一年，那也是非常荒唐可笑的。

成功从确立目标开始，但目标有长远目标与眼前目标之分，这两种目标对于人的成长来说都是必不可少的。目光短浅、缺乏远大理想会导致急功近利、一事无成。人首先应该把眼光放远，把注意力集中在长远的目标上，那样才能知道轻重缓急，知道如何取舍。

长远的目标能唤起一个人的热情与潜能，而远大目标的建立在很大程度上取决于你是否具有长远的眼光。具有长远眼光的人，面对困难时不退缩、不动摇。具有远大目标的人，会把自己想要达到的最终目的、景象作为检验行为的标准。

任何成功者都不是空有一腔抱负的梦想者，他们把志向根植于客观现实之中，凭借有目标的梦想使他们产生不满，因不满而刺激他们不断奋斗以追求成功。所以，将眼光放远是一个人为事业奋斗的力量源泉，也是取得人生成功的基础。

美国五大湖区上的运输大王博尼斯在最初进入社会做事时说："我从楼梯的最低一级尽力朝上看，看看自己能够看到多高。"最初之时，他一无所有，但是他的希望和理想却非常高远。

由于穷困，博尼斯从纽约一步一步走到克利夫兰，在湖滨南密执安铁路公司总经理的手下谋了一个书记员的职位。但是，工作了一段时间，他觉得这份工作除了忠实、机械地干之外，没有什么发展前途。他觉得坐在一个矮梯子的顶上，更容易跌倒，不如爬一个看得见顶的梯子，一心只想朝上爬。

于是，他辞去了这份工作，通过努力在赫约翰大使的手下谋得一份工作。博尼斯说："我最初走到克利夫兰来，原是想做一个普通水手的——这是一种儿童追求冒险和浪漫的理想。但我却没有当水手，而每日每时与美国最完美的一个理想人物（就是赫约翰，他后来成为美国国务卿兼驻英国大使）相处，这也是我的好运气，他成为我各方面都崇拜的理想人物了。"

正是因为有了长远的眼光，博尼斯看到假如他同一个小人物相处，绝不能有很大的发展。于是，他选定了一个大人物，然后以这个人为自己心目中的偶像。他选定了赫约翰，便为自己树立了一个目标。

一个人要有长远眼光才能进步，但是眼光也必须时时改进。从心理学上讲，一个人如果安于现状，对现状并不觉得不满意，便不会去想如何改进现状，也就不会有一个更光明的前途。

志向远大的人，总是会树立长远的目标，画出前进的路线方向，然后照着路线从起点走到终点。

志在山顶的人，不会留恋山腰的风景。燕雀的舒适生活，也无法让鸿鹄放弃广阔天空。如果你想到达山顶，就要不畏艰险勇敢攀登，不为半山腰的美景所停留。

因为山腰再美也不过是花花草草，而山顶有你从没见过的云蒸霞蔚。

第三章
控制自己的行为

耻辱到处都伴随着可耻的行为。

——欧里庇得斯

内心真诚，会在行为上表现出来。

——斯恩斯坦

思考是行为的种子。

——爱默生

拒绝空想，行动至上

美国有一部著名的励志电影——《当幸福来敲门》这部电影讲述的是主人公从贫穷到富有的过程。

威尔·史密斯扮演的主人公加德纳最初只是一名医疗仪器推销员，当他意识到自己的这份工作不能养家糊口时，他毅然决定重新找一份工作。

后来，他到一家知名的证券公司应聘，作为一个没有学历没有背景的新人，他吃尽了苦头，在收到录取通知的第二天，他还因为欠债被关进了当地警署。

但最后的结果也是令人欣慰的，加德纳最终获得了这个职位，经过自己的努力，成为一名股票经纪人，最后还创办了自己的公司。

这虽然只是一部电影，却是根据真实故事改编而来的。电影中的主人公加德纳的原型，正是美国华尔街著名股票公司老板克里斯·加德纳。

克里斯·加德纳本人天资聪颖，而且擅长计算，电影中的主人公也正是如此。但如果加德纳仅仅只是擅长计算、脑袋聪明的话，他就能够获得成功吗？

答案当然是"否"。如果加德纳只是拥有非凡的头脑而不去主动"找工作"的话，那么他很快就会沦为平庸。

所以，从这部电影中，我们可以收获这样的启示：空想毫无益处，成功都是干出来的，一个人即便再有实力，也绝不能坐等成功来敲门。

下面我们再来看一个故事。

在美国某公司的一次促销会上，销售经理请与会者都站起来，看看自己的座椅下面有什么东西。结果每个按照要求做的人都在自己的椅子下面发现了钱——最少的捡到一枚硬币，最多的捡到了100美元。

这位经理说："这些钱谁捡到就归谁了，但你们知道我为什么这样做吗？"与会人员用眼神和表情相互交换了意见之后，面面相觑，不明白经理的用意。

最后经理一字一顿地说："我只不过想告诉你们一个最容易被忽视甚至忘掉的道理：坐着不动是永远也赚不到钱的！"

好一个"坐着不动是永远也赚不到钱的"！不难发现，在实际工作中，那些喜欢坐着不动的人，往往都是一些空想家。他们想象丰富、渴望强烈，善于夸夸其谈，却很少将自己的想法和渴望付诸行动，又或是刚开始行动便很快懈怠了。

毫无疑问，这种人是不可能获得成功的。毕竟，再丰富的想象、再强烈的渴望，如果不能应用到具体的行动上，那统统等于零。

诗人斯好说过："给梦一把梯子，现实与梦想之间的距离即可取消，不可跨越的迢迢银河举步便可迈过。"对于渴望成功的人来说，圆梦的梯子就是行动。一次行动胜过一箩筐的空想，只有行动，我们才能真正地迈过成功的阶梯。

安东尼·吉娜曾是美国纽约百老汇中最年轻、最负盛名的演员，她在美国著名的脱口秀节目《快乐说》中讲述了她的成功之路。

几年前，吉娜是大学里艺术团的歌剧演员。在一次全校演讲比赛中，她向人们展示了自己璀璨的梦想：大学毕业后，她要先去欧洲旅游一年，然后要在纽约百老汇中成为一名优秀的主角。

当天下午，吉娜的心理学老师找到她，尖锐地问了一句："你今天去百老汇跟毕业后去有什么差别？"吉娜仔细一想："是呀，旅行的经历并不能帮我争取到百老汇的工作机会。"于是，吉娜决定一毕业就去百老汇闯荡。

这时，老师又冷不防地问她："你现在去跟一年以后去有什么不同？"

吉娜苦思冥想了一会儿，大学学历对百老汇的工作没什么帮助，于是对老师说，她决定下学期就出发。老师紧追不舍地问："你下学期去跟现在去有什么不一样？"吉娜有些晕眩了，想想那个金碧辉煌的舞台和那双睡梦中萦绕不绝的红舞鞋……她终于决定下个月就前往百老汇。

老师乘胜追击地问："一个月以后去跟今天去有什么不同？"吉娜激动不已，她情不自禁地说："好，给我一个星期的时间准备一下，我这就出发。"

老师步步紧逼："所有的生活用品在百老汇都能买到，你一个星期后去和今天去有什么差别？"

吉娜终于双眼盈泪地说："好，我明天就去。"老师赞许地点点头，说："我已经帮你订好明天的机票了。"

第二天，吉娜就飞赶到全世界最巅峰的艺术殿堂——美国百老汇。当时，百老汇的制片人正在酝酿一部经典剧目，几百名各国艺术家前去应征主角。按当时的应聘步骤，是先挑出十个左右的候选人，然后，让他们每人按剧本的要求演绎一段主角的念白。这意味着要经过百里挑一的两轮艰苦角逐才能胜出。

　　吉娜到了纽约后，并没有急于去漂染头发、买时装，而是费尽周折地从别人手里弄到了将排的剧本。这以后的两天，吉娜闭门苦读，悄悄演练。

　　正式面试那天，吉娜是第48个出场的，当制片人要她说说自己的表演经历时，吉娜粲然一笑，说："我可以给您表演一段我原来在学校排演的剧目吗？就一分钟。"制片人首肯了，他不愿让这个热爱艺术的青年失望。而当制片人听到传进自己耳朵里的声音，竟然是将要排演的剧目对白，而且，面前的这个姑娘感情如此真挚，表演如此惟妙惟肖时，他惊呆了，马上通知工作人员结束面试，主角非吉娜莫属。

　　就这样，吉娜来到纽约顺利地进入了百老汇，穿上了她人生的第一双"红舞鞋"。

　　从这个故事中，我们可以看到，如果一个人有了梦想，但只是在脑子里酝酿却不去执行，那再完美的梦想也只是南柯一梦。

　　《汉书·董仲舒传》中曾说过："临渊羡鱼，不如退而结网。"这句话本意是说，你站在河塘边，与其急切地期盼着、幻想着鱼儿跳到你的手上，还不如快快回去下功夫把渔网编织好，这样就不愁得不到鱼了。

　　由此可见，行走职场，我们若想获得成功，就不能做一个空想家，而是要做一个立即执行的实干家。唯有立即执行，果敢地将自己的想法转变成行动，主动去创造机会，我们才能实现自己的梦想，在竞争激烈的职场争得一席之地。

要自觉承担责任

"责任到此,不能再推",这是美国第33任总统杜鲁门的座右铭。这句话传达出一种勇于承担责任的工作态度,告诫每一位在职场工作的人,不要把宝贵的时间和精力浪费在如何推脱责任上。只要是我们的职责所在,问题必须到此为止,这才是一个高执行力的员工应有的职业素养。

在一家企业当中,如果每个人、每个部门都习惯性地推卸属于自己的责任,那么给企业造成的损失是非常可怕的。

廖明和张鑫是一家中型科技公司两个部门的主管。廖明主管市场部,张鑫主管技术部。这家科技公司凭借着一项专利技术让公司的核心竞争力有了很大的提高,不仅国内市场风生水起,最近一两年,公司还积极向国外市场进军,并且有了一些重大的收获。

不过,公司最近发生的一件事情却让老总大为恼火,因为这让他们公司损失了一笔数千万美元的订单。事情是这样的。

公司的海外事务部最近反馈给公司一个重要消息:土耳其一家大型公司需要一大批器材,在斟酌了价格和技术之后,他们选择了我们公司,这个订单非常大,超过他们过去一年在海外市场的订单总额。

面对这样突如其来的好事,公司各部门开始协同运作。首先,市场部主管廖明带队,与技术部主管张鑫一起奔赴土耳其展开洽谈。事情原本进展得非常顺利,但一个小小的插曲却让这次合作化为泡影。

在这家公司位于伊斯坦布尔的总部里，双方正在会议桌上洽谈合作方式、合作方法。当对方问及如果"设备安装、维修等具体售后服务由自己解决，你们在价格上可以给出多大的优惠"时，廖明和张鑫顿时就蒙了。因为他们俩都没有准备这样的"功课"，廖明以为这是技术部的事情，而技术部认为市场部早就了解各方面的价格，对此也应该有准备。

两人你推我，我推你，最后都没能回答这个问题，只是说："等我们向公司咨询后回答你们的问题。"而客户对他们的态度非常不满，直接撂下一句："你们公司看来都没有准备好这次合作，如果是这样，我们要重新考量双方的合作了。"

就这样一件小事，让这次合作化为泡影。

回国之后，两人又开始在总经理面前互相推诿责任。压抑着怒火的总经理说出了这样一句话："我们公司的制度你们也清楚，在洽谈合作方面，市场部和技术部要协同合作，这件事情你们都有责任，而且责任都不轻。客户提出的要求的确出乎意料，但你们的反应也出乎我的意料。如果你们仅仅是没有做足功课，面对这种突发状况准备不足，还情有可原，但你们那种互相推诿责任的态度不但让客户看到了，还吵到了我这里。你们俩应该要反思吧！具体的惩罚稍后我会告诉你们，我现在可以明确地告诉你们，公司对这种不负责任的态度向来是零容忍的，所以，你们自求多福吧！"

老总的一番话，让两位主管无言以对。

诚然，在这个世界上，我们有很多事情无法掌控，但我们至少可以掌控自己的行为，并对自己的一切行为负起全部的责任。尤其是在工作中，当我们犯下错误时，不应该像亚当夏娃一样，将责任推到别人的身上，竭力掩饰自己的过失，而是要让问题止于自己，然后积极主动地去寻求解决办法。

要知道，一个有责任感的人遇到任何问题，首先想"我应该怎么做"，而不是"他应该如何做"。所以，我们若想成为一个高效执行责任的优秀员工，就要从我们问的问题开始，首先就是不要再问"谁应该为此事负责""他为什么要让这件事情发生"这样的问题，而是首先要问"我要怎么做才能解决问题"或是"我如何才能比别人做得更好"，诸如此类有助于完成任务的问题。

一家食品公司的厂房地势较低，一年夏天，老板出差了，走之前，他叮嘱几位主要负责人："时刻注意天气变化。"

一天晚上，老板给几位负责人打电话，因为看到天气预报说有雨，担心厂房被淹。但老板一连打了几个电话都打不通，最后打到了财务经理的家里，让他立即到公司查看一下。

"嗯，马上处理！"接完电话，财务经理并没有到公司。他心里想：这是安全部的事，不该我这个财务经理管，何况家离公司很远，去一趟也费事。于是，他给安全部经理打了电话，提醒对方去公司看一下。

安全部经理接到电话时有些不愉快，心想：我安全部的事情，不需要你来管，反正有安全科长在，我不用担心。于是，他也没有去公司，连电话也没打一个。

安全科长没有接到电话，但他知道下雨了，并且清楚下雨意味着什么，但他心里想有好几个保安在厂里，用不着他操心。于是，他连手机也关了。

保安们的确在厂里，但用于防洪抽水的几台抽水机没有柴油了，他们打电话给安全科长。科长的电话关机，他们便没有再打，也没有采取其他措施。值班的保安在值班室里睡得很沉，以为雨不会下很大。

到凌晨两点前后，雨突然大了起来，当值班保安被雷雨声吵醒时，水已经漫到床边！他立即给消防队打电话。

消防队虽然来得及时，但由于通知太晚，大部分生产车间都被雨水淹没了，数十吨成品、半成品和原辅材料泡在水中。直接经济损失达数百万元！

事后，每一个人都说自己没有责任。

财务经理说："这不是我的责任，因为我通知安全部经理了。"

安全部经理说："这是安全科长的责任。"

安全科长说："保安不该睡觉。"

保安说："本来可以不发生这样的险情，但抽水机没有柴油了，是行政部的责任，他们没有及时买回柴油。"

行政部经理说："这个月费用预算超支了，我没办法，应该追究财务部责任，他们把预算定得太死。"

财务经理又说："控制开支是我们的职责，我们何罪之有？"老板听了，火冒三丈："你们每个人都没有责任，那就是老天爷的责任了！我并不是要你们赔偿损失，我要的是你们的态度，要的是你们对这件事情的反思，要的是不再发生同样的灾难，可你们只会推卸责任！"

在实际工作中，很多人都有一种隐隐的担心："如果我把许多事情的责任包揽下来，我能得到多少的回报呢？我是不是吃了亏？"毫无疑问，这种担心是一剂毒药，它让人纠缠在眼前的一点蝇头小利里，从而丧失了最为重要的责任感和执行力。

就拿上面故事来说吧，所有的员工自始至终都是一副

"事不关己，高高挂起"的态度，生怕自己多做了一点事情。而事实上，他们根本不知道自己错过了什么，失去了什么。从表面上看，他们确实免于了一场奔波，但实际上他们失去了领导的信任和赏识，错过了一次能让自己飞速成长的机会。

虽说在一家企业里，我们不能奢求每一位员工都富有责任感，都具备超强的执行力，但是我们必须看到，一个能勇于负责且高效执行责任的人，必然能坐拥强大的号召力，进而获得大家的尊敬和拥戴。

总之，主动承担更多的责任是成功者必备的素质。在大多数的情况下，即便我们没有被告知要对某项工作负起责任，我们也应该拿出"职责所在，问题到此为止"的积极态度，高效地去执行岗位责任，毕竟只有这样的员工，才是最值得企业管理者去用心栽培的人才。

督促自己主动执行工作

在职场中，面对同一份工作，有的人工作起来得心应手，诸事顺利；有的人却不尽如人意。请问，大家做的事明明都差不多，为什么最后会出现这两种完全相反的情况呢？

在回答这个问题之前，我们先来看一个故事。

在一次行动力研习会上，主讲师做了一个活动。他说："现在我请各位一起来做一个游戏，大家必须用心投入，并且采取行动。"说着，就从钱包里掏出一张面值100元的人民币，又说："现在有谁愿意拿50元来换这张100的元人民币？"

他说了几次，但很久没有人行动，最后终于有一个人跑向讲台，但仍然用一种怀疑的眼光看着老师和那张100元人民币，不敢行动。

主讲师提醒说："要配合，要参与，要行动。"他才采取行动，终于换回了那100元，顷刻就赚了50元。

最后，主讲师说："凡事马上行动，立刻行动，你的人生才会不一样。"

主讲师最后说的这番话确实有道理，尤其是在工作中，我们更要立即行动，主动执行上级交代的任务，只有这样，我们才能拥有与众不同、事事顺利的人生。

说到这儿，前面提到的那个问题的答案也就随之浮出水面了。没错，他们之间最大的区别就在于，前者总是能自动自发地去执行任务；而后者就好似"算盘珠子"——拨一下动一下，不拨就不动，这种人做事向来懒于思考，疲于行动，眼里根本就没有活儿，就算上级给他们安排了工作任务，他们最后也会随随便便应付了事。可以说，被动消极是贴在他们身上的最恰当的标签。

当然，我们必须搞清楚，主动执行并非一句简单的口号或一个简单的动作，而是指要充分发挥自己的主观能动性，在接受工作任务后，应尽一切努力，想尽一切办法，把工作做到最好。

董明珠——珠海格力电器有限公司董事长兼总裁，中国电器界一个举足轻重、掷地有声的名字。很多人都好奇她为何会如此成功，也许我们可以从她一件小小的事件——"主动讨债"中找到答案。

初到格力电器时，董明珠只是一名最底层的销售人员，她被派到安徽芜湖做市场营销工作。当时，她的前任留下了一个烂摊子：有一批货给了一家经销商，但经销商很长时间都不肯付货款，几十万元的货款一直收不回来。

其实，公司并没有把收款的任务交给董明珠，所以按理说，她完全可以对此撒手不管，一门心思把自己的业务开拓好就可以了。可董明珠却不那么认为，她心想，既然我是公司的一分子，那别人欠公司的钱，我就有责任把这笔钱收回来。

就这样，她跟那家不讲信誉的经销商软磨硬泡，经过几个月的努力，虽然没要到货款，但总算把货要回来了。

让董明珠没想到的是，这次"多管闲事"的讨债行为，刚好让公司见识了她的工作实力和商业才能。很快，她就从基层员工中脱颖而出，坐上销售经理的位置。在后来的工作中，董明珠继续展示着她对工作的超强执行力，这一切都成功地将她推上总裁的宝座。

著名成功学家拿破仑·希尔曾经说过："主动执行是一种极为难得的美德，它能驱使一个人在不被吩咐应该去做什么事之前，就能主动地去做应该做的事。这个世界愿意对一件事情给予大奖，包括金钱与名誉，那就是不找借口、主动执行。"

可以看到，董明珠的成功并非偶然，她对工作的主动执行，才是她最终获得成功的根本原因。

众所周知，执行是实现目标的关键，任何好的计划和目标都需要员工高效的执行力来保证，能否完美执行是考验一个员工能否成为优秀员工的最终条件。而员工自身执行力的高低，也直接决定了他们的工作业绩和职场前途。

综观现代职场，那些发展最快、成就最高的员工，往往都是将执行做得最出色的人。因此，我们要想在事业上有所成就，就必须培养自己积极主动的工作精神，自觉地从被动执行走向主动执行，唯有如此，我们才能获得宝贵机会的青睐，实现自己的人生价值。

反之，如果我们做不到对岗位负责，做不到自动自发地去工作，那最后等待我们的只能是一个前途黯淡的未来。陈锋在一家商店工作，一直以来，他都认为自己是一个非常优秀的员工，因为他每天都会完成自己应该做的工作——记录顾客的购物款。于是，自信满满的他向经理提出了升职的要求，没想到经理竟拒绝了他，理由是他做得还不够好。

陈锋感到非常生气，但又无可奈何。有一天，他像往常一样，做完了工作和同事站在一边闲聊。正在这时，经理走了过来，他环顾了一下周围，随即示意陈锋跟着他。陈锋心里很纳闷，他不知道经理"葫芦里卖的是什么药"。

就在陈锋满头雾水之际，只见经理一句话也没有说，就开始动手整理那些被顾客预订的商品，然后他又走到食品区，忙着清理柜台，将购物车清空。

经理用自己的行动告诉陈锋一个道理：如果你想获得加薪和升迁的机会，那你就得积极主动地执行工作。而当你养成这种自动自发工作的习惯后，你就可以用行动证明自己是一个值得信赖的人。

总之，岗位责任如果不落在执行上，那它就会变成一纸空文，没有任何的意义。一个出色的员工，应该是一个积极主动去做事的人，这样的员工，压根儿就不需要任何管理手段去触发他的主观能动性。而我们所要做的，就是努力再努力，不断地朝着这个方向进军，直到有一天我们也成为那样的人。

做事要井井有条

毫无疑问：杂乱无章的做事习惯只会浪费自己的时间和精力，根本就没什么效率可言。相反，做每一件事都井然有序者，其办事效率一定不会很低。

如果有人问世界上最拥挤的地方是哪里，我想应该是纽约市中央火车站的咨询处了。每天，那里总是人潮拥挤，匆匆忙忙的旅客都争抢着询问自己的问题，都希望能够立即获得答案。对于问询处的服务人员来说，工作的紧张与压力可想而知。疲于应对是他们的共同感受。

不过，3号柜台后面的那位服务员却是个例外，他看起来并不紧张，这实在是令人不可思议。这位服务人员戴着眼镜，样子文弱，却要面对大量秩序混乱和缺乏耐心的旅客，让人很难相信在如此巨大的压力面前他还能镇定自若。

一次，在他面前的旅客是一位衣着鲜艳的妇女，头上戴着一条丝巾，已被汗水浸透，她的脸上充满了焦虑与不安。询问处的先生倾斜着半身，以便能倾听她的声音。"是的，你要问什么？"他把头抬高，集中精神，透过厚镜片看着这位妇人："你要去哪里？"

这时，有位穿着入时，一手提着皮箱，头上戴着高贵帽子的男子，试图插话进来。但是，这位服务人员却旁若无人，只是继续和这位妇人说话："你要去哪里？""三藩市。""三藩市是吗？"他根本没有看行车时刻表，就说，"那班车是在10分钟之内，在第11号月台上车。""你说是11

号月台吗？""是的，太太。""11号？""是的。"

女人转身离开，这位服务人员立即将注意力转移到下一位客人——戴帽子的那位先生身上。

但是，没过多久，那位太太又回头来问一次月台的号码。"你刚才说的是11号月台？"这一次，这位服务人员已经集中精神在下一位旅客的身上，不再管这位头上戴丝巾的太太了。

某天，有人询问那位服务人员："能否告诉我，你是如何做到并保持冷静的呢？"

那个人这样回答："我根本没有和大众打交道，我只是单纯地在接待一位旅客。忙完了一位，才换下一位。在一整天之中，我每次只服务一位旅客。"

看来，这位服务人员完全掌握了高效率的工作方法：一次只解决一件事。许多人在工作中把自己搞得疲惫不堪，而且效率低下，很重要的一个原因就在于他们杂乱无章的工作习惯。他们总试图让自己具有高效率，而结果却常常适得其反。

在从事一项工作的时候，不要因为受到干扰或者疲倦而放下正在做的工作，转身去做其他不相干的事情，因为如果此项工作还没有结束，就又开始另一项工作的话，你的办公桌上就又要开始混乱了，随后，你的大脑也要开始混乱了，你一定要力求把手头的工作做完以后再开始另外的工作，即使这项工作暂时遇到了阻碍，你也要尽力去做。

一项工作做完后，务必把与这项工作相关的资料收拾整齐，并分门别类地把它们放到合适的位置，然后你应该核对一下剩下的工作，接着去进行第二项工作。

秩序应是工作的第一定律。但实际果真如此吗？不见得：只要我们稍加留意就会发现，很多人的桌面总是堆满纸张，好几个星期都不曾理会它。

当你的办公桌上乱七八糟地堆满了待复信件、报告和备忘录时，这足以导致慌乱、紧张和忧烦。更为严重的是，时常担心"万事待办，却无暇顾及"的人，不仅会感到紧张劳累，而且会引发高血压、心脏病和胃溃疡。

著名的精神病医师威廉·沙勒提起他的一位患者，就是因为凌乱无序的工作习惯而差点精神崩溃，不过当他改变了这一不良习惯后，竟奇迹般地康复了。

这位病人是波士顿一家大公司的客户经理，第一次去见沙勒医师的时候，整个人充满了紧张、焦虑的情绪而闷闷不乐。他工作繁忙，并且知道自己状态不佳，却又不能停下来，他需要帮助。

"当这位患者向我陈述病况的时候，电话铃响了，"沙勒医师说道，"是医院打来的。我丝毫没有拖延，马上做了决定。只要能够的话，我一向速战速决，马上解决问题。挂上电话不久，电话铃又响了。又是紧急事件，颇费了我一番唇舌去解释。接着，有位同事进来询问我关于一位重病患者的种种事项。等我把一切忙完，我向这位患者道歉，让他久等了。但这位患者精神愉悦，脸上流露出特殊的表情。"

"别道歉，医师，"这位患者说道，"在这10分钟里，我似乎已经明白了自己哪些地方不对了。我要回去改变我的工作习惯……但是，在我临走之前，我可不可以看看你的抽屉？"

沙勒医师打开抽屉，除了一些文具之外，没有其他东西。

"告诉我，你的待处理事项都放在什么地方？"患者问。

"都处理了。"沙勒回答。

"那么，待复信件呢？"

"都回复了。"沙勒告诉他，"不积压信件是我的原则。我一收到信，便交代秘书处理。"

几个星期后，这位客户经理邀请沙勒医师到他的办公室参观。他改变了——当然桌子也变了。他打开抽屉，里面没有任何待办文件。

"几个星期以前，我有两间办公室，三张办公桌，"这位经理说道，"到处堆满了没有处理完毕的东西。跟你谈过之后，我回来清除掉了——货车的报告和旧文件。现在我只留下一张办公桌，东西一来便处理妥当，不会再有堆积如山的待办事件让我紧张烦恼。最奇怪的是，我已不药而愈，再不觉得身体有什么毛病啦！"

我们可以说，杂乱无章的工作方式是一种恶习：你在自己的办公桌上堆满了文件、资料，结果需要的东西找不着，不需要的东西一大堆，很多时间就白白浪费在查找丢失或一时找不着的东西上了。更糟的是，零乱的东西会分散你的注意力，当你做着一件事时，眼睛不经意地扫过另一份文件，你马上又会想起，那份文件也在等着处理，于是你的注意力就被分散了。

如果你的办公桌上经常是文件、物品堆积如山，你就有必要花一点时间来整理一下了，在这个时候花上少半天时间是很值得的。

把你办公桌上所有与正在做的工作无关的东西清理出来，把立即需要办理的找出来，放在办公桌的中央，其他的进行分类，分别放入档案袋中或是抽屉里。当一切井井有条的时候，你才能把所有的精力集中在工作上，而不让其他事物影响你。

从今天开始，严格控制自己的行为吧！坚持做事井井有条的原则，会让你的成功之路走得更加顺畅。

杜绝投机取巧

经常有些人认为自己才智过人，便时不时使点小聪明。

罗聪是一家大公司的高级职员，平时工作积极主动，表现很好，待人也热情大方。但有一天，一个小小的动作却使他的形象在同事眼中一落千丈。

那一次是在会议室里，当时好多人都等着开会，其中一位同事发现地板有些脏，便主动拖起地来。而罗聪身体似乎有些不舒服，一直站在窗台边往楼下看。突然，他走过来，一定要拿过那位同事手中的拖把。本来差不多已拖完了，不再需要他的帮忙。可罗聪却执意要求，那位同事只好把拖把给了他。

刚过半分钟，总经理推门而入，此时罗聪正拿着拖把勤勤恳恳、一丝不苟地拖着地。这一切似乎不言而喻了。

从此，大家再看罗聪时，顿觉他很虚伪，以前的良好形象被这个小动作一扫而光。

说来也巧，在参加会议的众多职员中，有一个刚好是总经理的小舅子。结果不用说了，罗聪以后再也没被重用过。

罗聪因为耍"小聪明"而被老板"冷冻"了起来，他为他的"聪明"付出了高昂的代价。其实生活中还有很多罗聪式的人，他们养成了在工作中投机取巧的习惯，认为只要老板在身边的时候表现出色就可以了，老板不在，又何必拼命呢？像这种"聪明人"只能一时得利，他们的"聪明"迟早会害了自己。

李勇在学校里是一个很活跃的人，一直被朋友们十分看好。可是让朋友们吃惊的是，都毕业几年了，李勇还是经常跑人才市场。而更让朋友们大跌眼镜的是上学时默默无闻的孙亮，此时已经成为一家日化用品公司在华北地区的市场总监。这是怎么回事呢？让我们先看看他们这几年的工作经历。

离开学校后，李勇应聘做了一家宾馆的大堂经理。由于爱耍些"小聪明"，所以刚开始挺受重用。可没过多久，他的那些"西洋镜"就被一一拆穿，老板马上就将他"冷冻"起来。无奈之下，李勇只好卷铺盖走人。

之后，李勇又进了一家中德合资企业。德国人严谨实干的作风当然又是李勇不能"忍受"的。

李勇后来又在新加坡人、日本人、美国人……开的公司工作过。这几年，李勇的老板都可以组成一个"地球村"了，可李勇却还在职场游荡。

孙亮则不同。大学毕业后他就进了这家日化公司的销售部。之后，他勤奋工作，默默地积累工作经验。他对行业渠道的熟悉程度使上司很是赏识，对公司产品更是了然于胸。他的才干很快得到上司的肯定。当该公司华北地区市场总监的位子空缺后，公司总部就让他顶了上去。

他们的经历真像某位大学生所说的："毕业以后，我们发现了彼此的不同，水底的鱼浮到了水面，水面的鱼沉到了水底。"

其实在我们的周围，有很多人本身具有达到成功的才智，可是每次他们都与成功失之交臂，于是觉得老天对他不公平，怨天尤人。

其实，他们有没有认真地检讨过自己呢？总是不愿意踏踏实实地去做好自己的本职工作，总是期望很多，付出很少，内心里不屑于去做他们心中的"一般的小事"，认为他们被大材小用。于是，就开始耍起小聪明，投机取巧，得以蒙混过关。

但是他们有没有静下心来想过：他能蒙得过一次、两次，能总是混过去吗？一旦让老板察觉，就会留下极坏的印象。建立一个好的印象需要长期的考察，而坏印象却在一瞬之间。而且坏印象的改变是很难的，犹如一张白纸，整张白纸的白不如上面一个墨点的黑给你留下的印象深。虽然老板这一次原谅了你，但是老板以后就可能不再信任你，因为你的人格在他的心目中已经打了一个折扣。

所以总有人觉得与成功无缘，总是怨天尤人，抱怨老板不识人才，只把一些零碎小事交给他们，不给他们施展才华的机会。其实真正的原因不是老板不把机会给他们，而是他们自己把机会拒之门外。在老板的心中，他以往的投机取巧已经被打上不踏实、不可靠、不能委以重任的印记。在一个公司中，如果再也没有机会从事重要业务，何以谈将来？何以谈前途？

一分耕耘，一分收获，踏踏实实地工作才能成就你的事业。切记：投机取巧的习惯对你有百害而无一利，任何一个老板都不可能永远被你的"小聪明"蒙骗住。

所以，一定要控制自己的行为，杜绝投机取巧，老老实实做人，踏踏实实做事，才能取得事业的成功。

将马虎扼杀在摇篮里

在日常生活中，许多人办事轻率，不精益求精，只求差不多。尽管从表面看来，他们也很努力、很敬业，但结果总无法令人满意。一位伟人曾经说过："轻率和疏忽所造成的祸患不相上下。"许多人之所以失败，往往就是因为他们马虎大意。

下面是一个真实的故事。

某报社曾有个年轻的通讯员，在报道某企业当年的成就时，因为一时的马虎把"千"字错写成了"万"字，结果新闻在报纸上登出后，当地的税务部门立刻找到这家企业的老板，严厉批评他们说："你们公司隐瞒实际收入，企图偷税漏税，现在必须补缴税款！"

老板听了之后感到十分奇怪，因为公司确实是按实际收入缴税的，没有任何隐瞒收入的违法行为，于是就与税务部门争辩，税务部门人员说："你们还拒不承认，更应该加重处罚，你们说没有隐瞒收入，但是报纸上已把你们的收入登出来了，与你们上报的出入太大，你们还不承认？"

老板没办法，只得找来报纸，并协助税务部门重新核查账目，结果才发现是那个通讯员的马虎所致！

通讯员的马虎粗心，给这家公司惹来了麻烦，幸好没有造成损失，解释清楚就可以了。

然而，很多时候由马虎粗心所造成的损失是无法补救的。所以，如果你有马虎的习惯，就要尽快纠正过来，否则说不定什么时候，它就会让你吃大亏。

还有这样一件事。

乌鲁木齐市粮食局的一家挂面厂曾花巨资从日本一家厂商引进一条挂面生产线，作为附带合同，随后又花18万元从日本购进1000卷重10吨的塑料包装袋。而塑料包装袋的袋面图案由挂面厂请人设计。当样品设计好后，经挂面厂与新疆维吾尔自治区经贸机械进出口公司的人员审查，交付日方印刷。

几个月后，当这批塑料袋漂洋过海运抵乌鲁木齐时，细心的人们发现有点不对劲，仔细一看，当时全傻了眼，原来每个塑料袋的袋面图案上的"乌"字全都多了一点，变成了"鸟"字，乌鲁木齐变成了"鸟鲁木齐"！

后来经过多方调查发现，原来是挂面厂的设计人员一时马虎，把设计样本打印错了，而进出口公司的人员检查时也一时大意没有发现。也就是这一点之差使价值18万元的塑料袋变成了一堆废品，给公司带来了严重的损失，相关人员都受到了严厉的处分。

试想，如果设计人员细心一点，谨慎一点，进出口公司的审查人员再认真一点，多检查一次，又怎么会让这18万元付诸东流呢？

马虎所带来的危害还有更严重的。

泥瓦工和木匠如果靠半生不熟的技术建造房屋，砖块和木料拼凑成的建筑有些在尚未售出之前，就已经在暴风雨中坍塌了。比如，在宾夕法尼亚州的一个小镇上，曾经因为筑堤工程质量要求不严格，石基建设和设计不符，结果导致许多居民死于非命——堤岸溃决，全镇被淹没。

医科学生因为没有花时间和精力好好为未来做准备，做起手术来捉襟见肘，拿患者的生命当儿戏。

　　一些律师只顾死记法律条文，不注意在实践中培养自己的能力，真正处理起案件来也难以应付自如，白白花费当事人的金钱。

　　建筑时小小的误差，可以使整幢建筑物倒塌；不经意抛在地上的烟蒂，可以使整幢房屋甚至整个村庄化为灰烬。因为事故致人残废——木装的脚、无臂的衣袖、无父无母的家庭都是人们粗心、鲁莽与种种恶习造成的结果。

　　世界上每年因为"不小心"所造成的生命的丧失、身体的伤害和财产的损失，有谁能统计得清楚呢？由于疏忽、敷衍、偷懒、轻率而造成的可怕惨剧在人类历史上无时无刻不在发生。

　　懒懒散散、漠不关心、马马虎虎的做事习惯似乎已经变成常态，这些人在学生时代就养成了心不在焉、懒懒散散的坏习惯。他们习惯于使用一些小伎俩，譬如用抄袭、作弊等手段来欺骗老师，蒙混过关。

　　而当他们踏入社会后，就不可能出色地完成任务。外出办事总是迟到，人们就会拒绝与他合作；与人约会总是延误，别人会大失所望；办事时缺乏条理和周密性，思维一片紊乱，别人就会丧失对他的信任。更重要的是，一旦染上这种恶习，一个人就会变得不诚实，遭到他人的轻视——不仅轻视他的工作，而且会轻视他的为人。

　　一旦这种人成为领导，其恶习也必定会传染给下属——看到上司是一个心不在焉的人，员工们就往往会竞相效仿，放松对自己的要求。这样一来，每个人的缺陷和弱点就会渗透公司，影响整个事业的发展。如果他是作家，文章必定漏洞百出；如果他是一个管理者，部门工作必定一塌糊涂。

美国芝加哥因工作疏忽大意造成的损失，每天至少有100万美元。该城市的一位商人曾发表言论说，他必须派遣大量的稽查员，去各分公司检查，才可能制止各种马虎行为。虽说在许多员工眼里有些事情简直是微不足道，但积少成多，积小成大，一些不值一提的小事很可能就会影响他们在老板心目中的形象，影响他们的晋升。

无论做什么事，如果都能达到至善至美的结果，这样不仅能提高工作效率和工作质量，也能树立起一种高尚的人格。

有这样一句谚语：我们可以躲开一头大象，却躲不开一只苍蝇。

当然，许多小事也确实易于被人疏忽，这就需要我们平时的努力。只要我们在意识中对它们有充分的警戒心，就能够注意并克服掉马虎粗心的恶习。

时刻对马虎轻率保持高度的警惕心，并养成细心严谨的工作态度，时间长了就会形成细心严谨的工作作风，进而形成良好的习惯，培养优秀素质，而"习惯常常决定一个人的成败"。

有的员工可能会说："我生性就是粗枝大叶，大大咧咧，马虎粗心是天性所致，我也不想这样，可是我很难做到细心谨慎，怎么办呀？"

其实完全不必担心，世上没有十全十美的人，即使是那些功成名就的伟人，他们一开始也是有这样那样的缺陷的。有了缺陷不可怕，只要改掉就行，而且他们也都是这样做的，最终成就了自己的一番事业。

所以有时候不要认为你自己不能改掉这种恶习，如果你总是这样想，它就成了你坚持错误的借口。如果你不想也不去改掉这个恶习，你当然无法成功，因为马虎轻率是成功的致命杀手，它不但会让你失去未来的成功，甚至毁掉你已经取得的成就。

因为马虎粗心，你就不可能在工作中做到精益求精，尽善尽美。尽管从客观来说你工作确实很努力，很敬业，但是你的工作成果却总是不能让人满意，总是与目标之间有一点点差距，而这个差距只要你再付出一点点精力和努力就能达到，而你却没有做到。

长此以往，你的上司就会对你失望，对你不信任不放心，甚至怀有戒备之心。想想你在公司还有发展的前途吗？还有出头之日吗？更严重的是，你能否保住这个工作都是一个未知数。

总之，不管粗心是天性所致也好，还是后天养成的恶习也罢，只要你是追求成功，拥有远大理想的人，就一定要控制自己的马虎粗心，不能让它发展下去，而要将这种坏习惯扼杀在摇篮里。

第四章
控制自己的心态

体育和运动可以增进人体的健康和人的乐观情绪，而乐观情绪却是长寿的一项必要条件。

——勒柏辛斯卡娅

能看到每件事情的好的一面，并养成一种习惯，还真是千金不换的珍宝。

——约翰逊

我要微笑着面对整个世界，当我微笑的时候全世界都在对我笑。

——乔·吉拉德

好心态带来好前程

美国著名社会心理学家亚伯拉罕·马斯洛曾说:"心态若改变,态度跟着改变;态度改变,习惯跟着改变;习惯改变,性格跟着改变;性格改变,人生就跟着改变。"没错,心态决定成败。积极乐观的心态,能使人奋发上进,灵活适应不同的环境和变化,从容应对各种困难和挑战,从而获得更多的发展机会;而消极悲观的心态,则会使人萎靡不振,不思进取,从而失去许多宝贵的发展机会。

在美国,有两位住在乡下的陶瓷艺人,一位叫杰克,另一位叫亨利。

他们听说城里人喜欢用陶罐,便决定将自己烧制得最好的陶罐卖到哥伦比亚特区去。经过10多年的反复试验,他们终于烧制出了自认为最好的陶罐。他们雇了一艘轮船,准备将所有的陶罐都运到哥伦比亚特区去。

没想到轮船中途遇到了强烈风暴,等风暴过后,轮船靠岸,陶罐全部成了碎片,他们的富翁梦也随着陶罐一起碎了。

杰克提议先去酒店住上一晚,明天再去城里四处走走,好好见识见识。而亨利则捶胸顿足地痛苦了一番后,问杰克:"你还有心思去城里四处走走,难道你就不心疼我们辛辛苦苦烧出来的那些陶罐?"

杰克心平气和地说:"我们失去了那些陶罐,本来就够不幸的了,如果还因此不快乐,那不是更加不幸?"

亨利觉得他的话有道理,于是跟着杰克去城里好好地玩了几天。在游玩的过程中，他们意外地发现，城里人用来装饰墙面的东西很像他们烧制陶罐的材料。于是，他们索性将那些碎陶罐全部砸得更碎，做成了马赛克，出售给了城里的建筑工地。结果，他们不但没有因为陶罐的破碎而亏本，反而因为出售马赛克而大赚了一笔。

机遇总是像一个调皮的孩子，在曲折人生道路的某个岔道口与我们玩着捉迷藏的游戏，此时，良好的心态是决定我们能否抓住机遇的关键。

在实际工作中，我们应该学习故事中的杰克，不管遇到什么事情，永远保持积极乐观的心态。要知道，机会向来都青睐拥有好心态的人。

现代成功学大师拿破仑·希尔说过："人与人之间只是很小的差异，但这种很小的差异却可以造成巨大的差异。很小的差异即积极的心态或消极的心态，巨大的差异就是成功或失败。"很多人有所不知的是，拿破仑·希尔会发出这种感叹，是因为他曾有过一段令人难忘的经历。

在这段经历中，他曾遇到过两个在心态上有着天壤之别的年轻人，让他感到震惊的是，不同的心态竟然能造就两个年轻人不同的命运。

第一个年轻人在一家百货公司工作已经4年。一天上午，拿破仑·希尔和他在柜台边交谈，他说，这家公司没有器重他，他正准备跳槽。

在谈话中，有个顾客走到年轻人的面前，要求看看帽子，但他却置之不理，继续和拿破仑·希尔谈话。直到说完了，他才对那位显然已不高兴的顾客说："这儿不是帽子专柜。"顾客又问帽子专柜在哪儿，年轻人懒洋洋地回答："你去问那边的管理员好了，他会告诉你。"

拿破仑·希尔感叹说，4年来，这个年轻人一直处于很好的机会中，但他却不知道。他本可以使每一个顾客成为回头客，从而展现出他的才能，但他却冷冷淡淡，把好机会一个又一个地失掉了。

另一个年轻人也是这家百货公司的店员。一天下午，外面下着雨，一位老妇人漫无目的地闲逛，显然不打算买东西。

大多数售货员都没有搭理这位老妇人，而那位年轻的店员则主动向她打招呼，很有礼貌地问她是否需要服务。老妇人说，她只是进来避避雨，并不打算买东西。这位年轻人安慰她说，没关系，即使如此，她也是受欢迎的。他还主动和她聊天，以显示他确实欢迎她。

当老太太离开时，年轻人还送她出门，并体贴地替她把伞撑开。这位老太太向他要了一张名片后，就转身走了。

后来，这个年轻人完全忘了这件事。但有一天，他突然被公司老板召到办公室，老板向他出示了一封信，是那位避雨的老太太写来的。在信中，老太太要求这家百货公司派一名销售员前往苏格兰，代表该公司接洽一宗大生意。老太太还特别指定这个年轻人接受这项工作。

原来，那位老太太就是美国钢铁大王卡耐基的母亲。而这个年轻人由于他的热情、积极、平和的心态获得了一个极佳的晋升机会。

在实际的工作中，很多人都觉得自己之所以一事无成，是因为公司不给自己机会，又或是自己倒霉，运气不好。很显然，这种将自身的失败归结于外界因素的想法是不对的。至少这个故事很好地给我们上了一堂课，告诉每一位在职场打拼的人，决定我们成功与否的，绝对不是环境，而是我们的心态。

换句话说，心态决定我们的视野、事业和成就，如果我们在工作中拥有好的心态，机会就会降临在我们的身上，我们就能在职场平步青云。

一位哲人说过："你的心态就是你的主人。"诚然，我们不能延长生命的长度，但我们可以扩展它的宽度；我们不能改变天气，但我们可以左右自己的心情；我们不能控制环境，但我们可以调整自己的心态。

总之，心态决定我们的工作状态，有什么样的心态，我们就有什么样的职场未来。身为员工，我们要想提高自身的职业素养，首先还得从心态开始，树立一个积极乐观的心态比什么都重要。始终坚信，在积极乐观心态的指引下，我们会与更多、更宝贵的机会相遇，我们的职场前景必然会灿烂无比。

自信也是软实力

自信是一种积极的心态，是一个人对自我价值和能力的肯定。通过对自己的信任以及对自我的肯定，大脑会建立一种潜意识的思维模式，那就是自己会成为一个成功的人。正是因为有了这种积极的心理暗示，当我们遇到困难时，才不至于丧失勇气和信心，才得以战胜困难和挫折，笑对人生。

可以毫不夸张地说一句，信心是我们精神大厦的基石。只要有信心在，我们的精神就不会垮掉，不管遇到什么问题，都能高效快速地将其解决掉。很多时候，一些人之所以不能成功，并非他没有才华或者能力，而是他的信心发生了动摇，阻碍了自身能力的发挥，从而使自己与成功失之交臂。

有这样一个故事。

日本某公司招聘职员，有一位应聘者面试后等待录用通知时一直惴惴不安。等了好久，该公司的信函终于寄到了他手里，然而打开后却是未被录用的通知。

这个消息简直让他无法承受，他对自己的能力失去了信心，无心再去面试其他公司，以致服药自尽。

幸运的是他并没有死，刚刚抢救过来，又收到该公司的一封致歉信和录用通知，原来电脑出了点差错，他是榜上有名的。这让他十分惊喜，急忙赶到公司报到。

可让他没有想到的是，公司主管见到他的第一句话竟是："你被辞退了。"

他愕然，连忙问道："为什么？我明明拿着录用通知。"

"是的，可是我们刚刚得知你自杀的事，我们公司不需要因小事而轻生的人。"公司主管冷静地回答道。

听了主管的话，他笑了，他没想到自己失去工作，不是失在严格而苛刻的笔试考题上，也不是败给实力不俗的竞争对手，恰恰是自卑成了自己的克星，挡住了自己梦寐以求的发展道路。

没错，这位应聘者之所以会彻底失去这份工作，正是因为他不够自信，心理极度脆弱和自卑，没有正确评估自己的能力和价值，遇到了一点点打击和挫折便轻视自己，对自己的未来再也不抱有任何希望。

试问，这样的人又有哪位管理者敢招入麾下呢？要知道，员工存在的价值就是为老板分忧解劳的，如果员工缺乏良好的心态，不相信自己的能力和价值，那最后非但不能替老板解决问题，反而会频繁地给老板制造问题。

德国哲学家谢林曾经说过："一个人如果能意识到自己是什么样的人，那么，他很快就会知道自己应该成为什么样的人。但他首先在思想上得相信自己的重要，很快，在现实生活中，他也会觉得自己很重要。"对一个人来说，当他正确地认识了自身的能力和价值时，他就会产生一种肯定性的情感和积极的心态，促使自己将自身的才华展现得淋漓尽致，从而收获成功。

竞争日益激烈的职场，想要在众人中脱颖而出，信心就显得尤为重要。

只有拥有自信，我们才会勇于挑战困难，我们才能最大限度地展现出自己的才华与能力。如果干什么事情都不能树立信心，那就相当于自己给自己设置心理障碍，自己给自己出难题，到头来只会与成功无缘，什么事情都做不成。

美国发明家爱迪生曾说："我最需要的，就是做一个能够使我尽我所能的人。尽我所能，那是'我'的问题；不是拿破仑或林肯的所能，是尽'我'的所能。我能够在我的生命中贡献出最好的，抑或是最坏的，能够利用我能力的10%、15%、25%，抑或是90%，这对于世界，对于自己，都可以生出很多差异来。"

自信的魔力可以改变一切，只要我们相信自己能，我们就无所不能。尤其是在工作中，如果我们对自己足够自信，那我们就能如爱迪生所说尽己所能，充分利用自己的能力，成就一番非凡的事业，创造一个美好的明天。

耐心坐热"冷板凳"

喜欢看NBA的球迷最不愿意见到的一幕是什么呢？许多人的答案应该是自己心爱的球员被罚坐冷板凳吧！坐冷板凳通常意味着球员没有机会上场打球，喜欢他的球迷也就没有办法欣赏他在球场上激烈厮杀的精彩画面，这在球迷的心中确实不失为一大憾事。

其实，坐冷板凳并不是球员的专利。每一位在职场行走的人，不管你是初涉职场的应届毕业生，还是能力超强的职场达人，在职业生涯中都可能遭遇过这样的窘境——坐冷板凳。

俗话说，人生不如意之事十有八九，我们的工作自然也不可能永远一帆风顺。在实际的工作中，常常听到有人为自己坐冷板凳发愁："为什么我努力工作，公司领导却还是不待见我呢？""公司老总冷落我，天天让我坐冷板凳，我该不该坚持下去？""被罚坐冷板凳的时候，我怎么做才能把冷板凳坐热呢？"

不得不说，一个人坐冷板凳的原因总是多种多样的，但坐冷板凳也不全然是一件坏事。马云说过："人的胸怀是被委屈撑大的！"这句话的潜台词是，一个人受得了多大的委屈，就能练就多大的胸怀，就能成就多大的事业。

所以，身为员工，当我们坐在冷板凳上时，千万不要唉声叹气，消极悲观，一定要调整好自己的心态，把冷板凳好好地坐下去，直到把冷板凳坐热，最后走出恼人的冰冻期，一飞冲天成为职场大红人。

1999年，她从北京广播学院播音系毕业，随即被分配到上海电视台新闻频道。对未来满怀憧憬的她。心想，这下终于可以拿起心爱的话筒，展示自己的能力与才华了。可事与愿违，当时新闻频道每个岗位都有了主持人，于是，台里的领导就安排她先到行政办公室帮忙，工作内容是装订人事档案。

作为一个品学兼优的高才生，她对这样的安排显然不是很满意，觉得自己就是在坐冷板凳。可没有办法，既然领导安排了，她就算硬着头皮也要做下去。

就这样，每天早上八点钟，她准时上班，打开抽屉，一页一页检查员工档案，看看有没有写错或遗漏信息，发现了就动手改正或填补。剪刀、尺子、修正液，她整天和这三样工具为伍。在同事面前，她始终面露微笑，可当一个人的时候，她却是眉头紧锁，心事重重。

3个月过去了，她每天依旧做着装订人事档案的工作，这份工作机械乏味，不仅和话筒无缘，和新闻更是不搭边。她每做一天，心里的焦虑就增多一点，眼看着和自己同时进入电视台的同学，已经陆续有了属于自己的栏目，干得风生水起，而自己还整天干着不相干的事，她真是心急如焚。

思前想后，她打算辞职另觅工作，可这个时候，妈妈的一番话却让她改变了主意："谁规定年轻人刚进单位就一定要被安排到对口的岗位上。挑大梁的想法没错，但要看机会。没准儿领导就是在考验你，看你愿不愿意干小事，能不能先把小事干好，看看你是不是一个眼高手低的孩子。要想成功，一定要坐得住冷板凳，要守得住初心。"

听了妈妈的话，她黑暗无边的心里总算来了一丝光亮。

于是，她决定调整心态，继续认真踏实地将这份工作做下去。每天，她都开开心心地去上班，把装订档案这活儿干利索，一有机会就实地去观摩前辈们怎么主持。

这样一来，之前一直让她耿耿于怀的冷板凳倒坐得热乎起来，而机遇也悄悄地降临在她的身上。

没过多久，电视台策划一场华人新秀歌手大赛，在选择女主持人的时候，他们打算起用"新面孔"。为此，有人和导演提议：台里分进来个扎辫子的小姑娘，整天乐呵呵的，看着蛮有灵气，可以找她试试。

就这样，导演找到装订档案的她，聊过后，当场定下由她来主持。从此，她在播音的道路上越走越远：先是《上海早晨》开启了她的主播生涯，后来担任央视《第一时间》的主持人，现在，她成了央视《新闻联播》里最年轻的"国脸"之一。这个受到亿万观众瞩目的人就是欧阳夏丹。

从故事中，我们可以看到，坐冷板凳并非我们想象中的那么可怕，如果我们能像欧阳夏丹那样，在不被重用的时候，努力调整自己的心态，一方面将手头的工作做好，另一方面抓紧时间学习新的知识和技能，那在关键时刻就能一鸣惊人，最终脱颖而出，成为职场最为亮丽的一道风景。

其实，在职场上，老板如果真的觉得某位员工不能胜任岗位的工作，一般都会选择直接叫其走人，而之所以让他坐冷板凳，说明还有回旋的余地和机会。此时，坐在冷板凳上的人切忌自暴自弃，绝不能消极怠工、敷衍了事，更不能跟老板对着干，要知道，这样做只会让自己连"冷板凳"也坐不上。

聪明的做法是什么呢？很简单，藏起自己的不满，收起自己的锋芒，表现出一颗面对挫折照样淡定的平常心，对待工作依旧认真负责，甚至要比以前做得更好、更细致、更完美。时间一长，老板自然会对我们刮目相看，不想用我们都难。

在工作中，很多人觉得，既然坐冷板凳了，就代表没人关注自己了，也没人管自己了，那工作表现是好是坏都不重要。不难想象，如果我们真的抱着这种心态去工作，最后肯定会落得个更加悲凉的结局。

要知道，当我们坐在冷板凳上时，关注我们的人并不比不坐冷板凳时少，老板、同事会比之前更注意我们的言行。一旦我们表现得怨天尤人，工作差错不断，只会让他们进一步确定我们坐这冷板凳是应该的，同时更加地轻视我们；相反，如果我们心态足够积极乐观，不把坐冷板凳当回事，工作照样做得优质、完美，那他们就会对我们心生敬意，觉得我们是一个非常有毅力、忍耐力的好员工。

所以，当我们被安排坐冷板凳，在空闲部门或是边缘部门任职时，一定不要觉得自己职位卑贱、人微言轻，更不能顾影自怜、怨气冲天，而是要转变心态，沉住气，牢牢地树立起"化危机为转机"的必胜信念，在做好本职工作的同时，多学习，多充电，努力提高自身的素质。总有一天，可以将冷板凳坐热。

学会在犯错中成长

在工作中，很多人都非常害怕犯错，一方面是觉得犯错很丢脸，另一方面是不想为自己的错误承担责任。可俗话说得好："智者千虑，必有一失。"即便一个人再聪明、再能干、再思虑周全，也难免有犯错的时候。

所以，我们要学会调整心态，不要害怕犯错。英国著名文豪王尔德说过："经验是每个人给自己所犯的错误取的名字。"可见，只要我们能从错误中吸取教训，将自己所犯的错误进行浓缩，从中提取精华，转化成丰富的经验，那我们就能不断提升自己的素质和能力。

易风在一家汽车制造公司担任人事总监，有一次，他在对众多应聘者进行面试时，只问了这些人同一个问题："在你之前的工作中，曾犯过多少次错误？"

大部分的应聘者在听到这个问题之后，都纷纷表示自己不曾在工作中犯过错，只有一个男人的回答与众不同，他说自己曾经在工作中犯过许多次错误。

易风最终选择了这位犯错频繁的男人，很多人对他的决定迷惑不解，不明白他为何要选择一个错误不断的"倒霉蛋"。结果，他给出的理由是："我不要一个在工作中没有犯过错的员工。虽然这个男人曾犯过无数次错误，但他每次都能从错误中吸取教训，我们公司正需要这样的人才！"

由此可见，我们所犯的错误都是非常具有价值和教育意义的。正所谓，吃一堑，长一智。聪明的人总是能从自己的错误中学到经验，将绊倒自己的那块石头当成垫脚石，从而每天都让自己更上一层楼；愚笨的人却时常目光短浅，他们不仅害怕犯错，犯错之后也不愿意积极勇敢地对自己的错误进行反思，只知道硬着头皮往下走，最后又反复被同一块石头绊倒，摔在同一个地方。

说到底，这都是心态的问题。心态好的人，往往能正确看待犯错，心态不好的人，则总是视犯错为洪水猛兽。其实，犯错并不可怕，只要我们换个角度看问题，就会发现，犯错从本质上来说是在促使我们进步。

日本有家商贸公司的市场部经理，在任职期间犯了个大错误，他没有经过上司批准就擅自决定为一家商业伙伴生产一批手机零件。

等产品生产出来准备卖给对方时，这家公司却宣布倒闭了。无疑，这位市场部经理的决策失误为公司带来了很大的损失。

但是，这位经理没有把失误推到市场的变化无常和商业伙伴的经营不稳定上面，尽管他当时想不出补救措施。但是，他没有找任何借口，坦诚地向总经理讲述了一切，承认了错误，并表示要努力改变自己盲目决策的习惯，尽力挽回损失。

总经理看到他在事实面前确实认识到自身弱点给企业带来的失误，不但没有批评他，反而鼓励他不要泄气。

这次，这位经理吸取教训，经过冷静而全面的市场调查，了解了对手机零件需求的几个客户，寻找新的合作伙伴。一个月后，他终于将这批手机零件全部销售一空。在以后的决策中，他也总是善于征求他人的意见，不再轻易许诺。

爱因斯坦曾说："一个人从未犯错是因为他不曾尝试新鲜事物，所以不要内疚和自责。承认你的错误，并且改正它！"

可以看到，故事中的这位经理在犯错之后，并没有浪费时间在内疚、自责以及找借口为自己推脱责任上面，而是勇敢地承认错误，并且想办法改正自己的错误，这种心态和做法无疑值得我们每一位职场人士借鉴。

不可否认，没有人喜欢犯错误，但是我们在工作中又无法避免要犯些错误。因此，与其想方设法避免犯错，不如在犯错之后，积极勇敢地对自己的错误进行反思，从错误中吸取到宝贵的经验和教训，从而提升自己的工作能力和职业素质。

当然，有一点必须注意，那就是我们绝对不能被同一块石头绊倒两次，即下一次，我们不能再犯同样的错误。诚然，犯错并不是什么要紧的大事，可如果我们在犯错之后，对错误置之不理，那么这个错误只能成为我们人生中代表失败的一个黑点，它不具备任何有用的经验和价值。

张竞是一家化妆品公司的销售员，有一次，他请一个客户在餐厅吃饭，本以为能顺利谈成这桩大生意，可他最终还是铩羽而归。原来，和他一起吃饭的客户是一个非常注重个人外在形象的人，而刚好张竞那天是一身休闲风的打扮。在客户的眼里，张竞的衣着服饰让他整个人显得非常稚嫩，一点也不稳重成熟，因此，客户不放心和他谈生意。

张竞却并不以为然，他觉得一个人只要穿得干净整齐就行了，完全没必要搞得那么严肃，肯定是这个客户自身太挑剔了。

于是，带着这样的想法，当他再次一身休闲服出现在另一个客户的面前时，同样的"悲剧"又发生了，吃完饭后，这个客户就再也没有联系过张竞。

倘若张竞能在第一次失败之后，在错误中反省自我，吸取经验和教训，那么第二次他定然不会被"休闲服"这块石头再次绊倒，让自己连续两次丢失客户。

由此可见，一个人要是想将自己犯错误的成本降到最低，唯一的办法就是，在第一次犯错之后，不要急于前行，而是应该停在原地，积极地对自己所犯的错误进行思考。毕竟

"磨刀不误砍柴工",只有好好弥补我们在第一次犯错中显现出来的自身不足,下一次我们才不会被同一块石头绊倒,陷入相同的窘境。下面分析一下我们能从错误中学到什么。

1. 不要浪费时间为自己的错误辩驳

很多时候,当我们在工作中犯错时,第一反应就是找借口推卸责任,为自己的错误辩驳。其实这样做只会浪费时间,还不如第一时间承认自己的错误,给老板留下一个勇于担责的好印象。

2. 反省为什么会犯错

在实际的工作中,引起犯错的原因可能有很多,为了避免重复犯错,我们需要追根溯源,反省自己为什么会犯错,然后对症下药,以免下次重蹈覆辙。

3. 犯错也是学习的机会

很多人害怕犯错,是因为他们的心态不够积极乐观,没有意识到犯错也是一个很好的学习机会。其实,从自己的错误中,我们能够学到智慧,并加快自我的进步。因为想要成功就需要冒险,犯错对于成功来说也是很重要的,所以,我们可以把犯错看作迈向更好人生的基石。

美国当代教育名师莎伦·德雷珀说过:"犯错误是最好的学习方式。"人非生而知之者,工作中犯错是人之常情,所以,只要我们树立积极乐观的心态,不怕犯错,善于从错误中提升自己的能力,我们就能在错误中飞速成长,不断提高自己的职业素质,成为一名"知错能改"的好员工。

要从工作中发现乐趣

在香港TVB制作的电视剧里，我们经常会看到这样的画面，当有人想要开导别人的时候，总是会语重心长地说上一句："做人呢，最要紧的是开心。"

为什么开心会如此重要呢？

因为开心是一种发自内心的情感，浑身都散发着阳光活力的气息，让人不自觉地扫除堆积在心底的烦恼垃圾，微笑着面对生活中屡屡出现的不如意之事。不仅如此，开心还能够感染身边的人，帮助他们走出逼仄阴郁的潮湿心境，最后重新回到温暖明亮的太阳底下。

其实，工作更需要开心为伴。当我们心情愉快地去工作时，会发现自己的工作效率和结果要比心情抑郁时高好几倍。

可遗憾的是，在实际的工作中，很多人的精神状态、心情指数并不乐观，他们总觉得自己不过是在给老板打工，工作就是一种负担，毫无乐趣可言。这种消极悲观的心态无疑会影响他们的工作质量，同时也不利于其职业素养的提升。

有这样一个有趣的小故事。

一群孩子在一位老人家门前嬉闹，叫声连天。几天过去，老人难以忍受。

于是，他出来给了每个孩子25美分，对他们说："你们让这儿变得很热闹，我觉得自己年轻了不少，这点钱表示谢意。"

孩子们很高兴，第二天又来了，一如既往地嬉闹。老人再出来，给了每个孩子15美分。他解释说，自己没有收入，只能少给一些。15美分也还可以吧，孩子们仍然兴高采烈地走了。

第三天，老人只给了每个孩子5美分。

孩子们勃然大怒，"一天才5美分，知不知道我们多辛苦！"他们向老人发誓，他们再也不会为他玩了！

心理学家将人的动机分为两种，一种是内部动机，另一种是外部动机。如果按照内部动机去行动，我们就是自己的主人；如果按照外部动机去行动，我们就不可避免地成为它的奴隶。

在这个故事中，起初孩子们在老人家门前玩耍，是内部动机决定的，可随着老人给钱请他们玩，他们就不再为自己的快乐而玩了，而是为得到美分而玩。所以，一旦老人给的美分变少，他们就无法从玩耍中得到以前的那种乐趣了。

仔细想想，故事中的老人就好比老板、上司，那群孩子就是员工，而美分就像薪水、奖金等工作报酬，在老人家门前玩耍则是员工的工作。可以看到，当我们只为薪水和奖金工作时，我们就没办法在工作中找到任何乐趣，反之，当我们转变心态，找回工作本来的意义时，那不管从事何种工作，我们都不会感觉乏味。

为了调查人们对于同一件事情在态度上的差异以及这种差异带来的不同影响，一位心理学家特地来到一个建筑工地做实地调查。

此时，刚好工地上有三个忙着敲石头的建筑工人，于是，他分别问了这三个人一个相同的问题："请问您现在在做什么事儿？"

听了心理学家的问题，第一个工人的脸顿时拉得老长，他语带怒气地回道:"我在做什么?你难道没长眼睛吗?我正在用这把死沉的铁锤,敲碎这些可恨的石头啊!这些石头真是又臭又硬,我的手都快敲残废了,老天爷实在是太该死了!"说罢,他还使劲地甩了甩手,看他愤愤不满的神情,似乎恨不得甩掉自己悲惨的命运,以及手头上这把可恶的铁锤。

第二个工人则有气无力地哀叹道:"我在修房子,这份工作可不是一般人能吃得消的,累死人不偿命啊!要不是为了养家糊口,谁愿意日晒雨淋没日没夜地敲石头啊?"他擦了擦额头上的汗水,满是无奈地摇了摇头,又继续挥手敲打眼前的巨石。

第三个工人却是一脸快乐的表情,他笑着说道:"我正在修建这个世界上最宏伟的教堂,等它竣工之后,有很多信徒都会到这儿做礼拜。虽然敲石头是一件苦差事,但每次一想到未来将有好多人到这里接受上帝的关爱,我浑身就充满了积极向上的正能量。"

朋友们,猜猜这三位建筑工人日后会有什么样的人生际遇?

许多年后,心理学家找到了他们,原本在同一家建筑工地敲石头的三个人,现在竟然过着天壤之别的生活。

当年的第一个建筑工人现如今还是一个拿着微薄薪水的建筑工人,每天重复地干着敲石头砌墙的辛苦体力活;第二个建筑工人的情况比第一个建筑工人要稍微好点,他现在已经是一个包工头了,每天带领自己的施工团队穿梭于各大工地,虽然衣食无忧,但也感觉不到快乐。至于第三个建筑工人,心理学家并没有花费太多的心思去寻找此人,因为他早就成为一个名气响当当的建筑公司老板，时不时地出现在各大报纸的头版新闻。

三种工作态度造就三种人生际遇，与其说这是造化弄人，不如说是心态决定命运。

众所周知，每一个人的一生都离不开工作，工作虽然不是生活的全部，但我们一天花在工作上的时间总是不少于8小时。如果一个人想要实现自己的人生价值，那么工作无疑就是他最好的选择之一，因为工作不仅仅意味着努力付出，它还会给我们带来丰硕的果实。

故事中的第一个工人和第二个工人，之所以感觉不到敲石头的工作的意义所在，完全是因为他们没有在工作中找到任何的乐趣。当他们把敲石头的工作当成一件特别痛苦的事时。他们的人生也就成了一出极其煎熬人心的悲剧，除了愁苦和烦闷外，还有什么值得振奋精神的东西呢？

哲学家加缪认为，生命本没有意义可言，处处充斥着荒诞和滑稽，正是因为如此，人类才要奋起反抗，像古希腊神话里的西西弗斯一样，推着巨石不断地上坡，即使永远无法到达山顶，也要凭借自己的不息抗争，向众神证明自己的尊严。

工作亦是如此，它本身并没有与生俱来的乐趣和意义，所有的价值全部是人为加在它上面的。所以，不管我们从事的工作是单调乏味，还是趣味盎然，这一切都取决于我们看待它的心境，正所谓相由心生，大抵就是这么个理儿。

为什么有的人总是把工作当成一种苦役，而有的人却把工作当成一种享受？这是因为前者总带着消极悲观的心态去看待工作，而后者则是带着积极乐观的心态去看待工作，所以总能从工作中找到乐趣。

刚刚进入工厂时，萨姆尔·沃克莱所做的工作，就像《摩登时代》里卓别林扮演的那个工人一样，日复一日地拧螺丝钉。

看着这一大堆螺丝钉，沃克莱满腹牢骚，心想自己干什么不好，为什么偏偏来拧螺丝钉呢？他曾经想找经理调换工作，甚至想过辞职，但都行不通。最后他考虑能不能找到一个积极的办法，使单调乏味的工作变得有趣起来。于是，他和工友商量开展比赛，看谁做得快，工友当时也苦于工作的无聊，一下子就答应了。

这个办法果然有效，他们工作起来再也不像以前那样乏味了，而且效率也大为提高。不久，沃克莱就被老板提拔到新的工作岗位。再后来，他就成了火车制造厂的厂长。

卡耐基有句经典名言："我们内心对待工作的态度，很大程度上决定了我们是否能对它做出正确的判断——它究竟是令人沮丧的辛苦劳作，还是让我们灵魂感到愉悦的快乐之事。"

刚开始，沃克莱也觉得自己的工作是令人沮丧的辛苦劳作，可当他的心态发生变化，一扫之前的消极悲观后，他也渐渐地能从工作中找到乐趣了。整个人的精神面貌和工作状态焕然一新，他在工作上的成就也就是意料之中的事儿了。

罗丹说过："生活中并不缺少美，而是缺少发现美的眼睛。"工作也是如此。工作中其实也有很多乐趣，只要我们愿意去寻找，最后总是能找到。

所以，我们应该换一种积极乐观的心态去工作，在工作中寻找乐趣，把工作变成一种享受，努力将工作做到最好，从而不断提高自己的工作能力，不断提升自己的职业素质，让自己的职场前途越来越光明。

面对困难不抱怨

相信很多人都有过抱怨的经历，有时候不是抱怨工作太累，就是抱怨工作太难；不是抱怨升职太慢，就是抱怨薪水太低……

然而，当我们喋喋不休地抱怨的时候，是否发现有些人却一声不吭，只顾埋头工作。

难道他们在工作中没有不满意的事情吗？还是他们为了讨好老板阳奉阴违？又或是他们的心理承受能力特别强？

一段时间过后，我们就会发现，我们曾经抱怨的自己得不到的那些待遇都优惠了这些人。他们是命运的宠儿，不仅老板欣赏他们，就连同事也敬佩他们。

这究竟是为什么呢？

其实，他们并不比我们更加幸运，只是他们拥有一个良好的心态，总是能把大多数人用来抱怨的时间用在解决问题上。

众所周知，在实际工作中，抱怨并不能改变我们的现状，它除了能排解我们心中的一时不快之外，根本不能解决任何实质性的问题，有时候甚至还会让我们的心情变得更加黯然失色，长此以往，会给我们的工作带来诸多不利影响。

王宏志到一家工厂打工，可是一年半后，他就被领导辞退了。其实，刚开始的时候，领导是很器重王宏志的，他上班后不久，领导就提拔他当了车间的班长，一年后，又提拔他当了自己的助理。

王宏志本人的工作能力很强，不过，他有一个缺点，就是心态不够好，遇到一丁点不如意之事，都会忍不住抱怨、发牢骚。这一点领导早有耳闻，只是觉得人无完人，只要王宏志能改正这个毛病，还是可以重用的。

但是，自从做了领导助理，王宏志不仅没改掉自己的缺点，反而变本加厉，甚至当着领导的面抱怨不休。于是，领导开始渐渐冷落他，免去了他助理的职务。

失去领导的欣赏和重用后，王宏志的牢骚话就更多了，对待工作的态度越来越差，不仅自己消极怠工，工作中错误不断，还影响其他的同事做事。无奈之下，领导只好炒了王宏志的鱿鱼。

后来，王宏志陆陆续续又应聘了几份工作。起初，公司的领导都挺重视他，可是他爱抱怨、发牢骚的毛病始终改不了，结果同样遭到了冷遇。而他受不了冷落，一气之下，就向领导递交辞职信不干了。

辞职之后，王宏志就一直待业在家，整个人变得十分颓废，每天都过着借酒消愁的日子，家人、朋友看见他都咬牙切齿，颇有恨铁不成钢之意。

其实，如果王宏志能够吸取教训，调整心态，以后不抱怨地去工作，那他应聘其他单位，会比继续留在原单位更有前途。

有位哲人说过："如果不喜欢一件事，就改变那件事；如果无法改变，就改变自己的态度，不要抱怨。"

为什么不能抱怨？

因为抱怨就是心灵的麻醉剂，倘若我们把抱怨当成家常便饭，那久而久之，我们就会像吸食鸦片一样对抱怨上瘾了。我们总是试图通过抱怨让自己得到短暂的安慰，却认识不到抱怨对自己的伤害。

有这样一个故事。

有一天，杰弗里向牧师抱怨说："上帝真是太不公平了，有能力的人得不到机会，没能力的人却能成功！"

"约翰，你知道吗，他曾经是我的同学，那时，他的成绩糟糕透了，还经常抄我的作业，现在他居然当上了作家，不但出了很多书，还上了电视。我简直无法想象，这么一个没能力的人，是怎样成功的！"

面对杰弗里的抱怨，牧师打断他的话说："可是，我听说约翰很能吃苦，常常写作到深夜……"

还没等牧师将话说完，杰弗里又接着抱怨道："还有个叫凯文的人，他也是我的同学，就他那个身体，连多走几步路都会喘不过气来，现在你猜怎么样？他居然成了体育明星！你能想象得到吗？"

牧师回答他说："我听人说，凯文除了吃饭睡觉，所有的时间都花在了训练上……"

没等牧师将话说完，杰弗里又抱怨道："特别让我生气的是迈克，在学校的时候，他天天吃面包夹青菜叶，谁都知道他的家庭条件最差，现在居然开了酒楼！"

这次，牧师没有急着说话，他在等杰弗里将话说完。

杰弗里却急了："你怎么不说话了？你说上帝是不是不公平？"

牧师这才开口说："要我说，上帝是公平的。他让饥饿的人有肉吃，让身体瘦弱的人懂得锻炼的重要，给了每一个丑小鸭做白天鹅的梦想。难道这还不算公平吗？"接着牧师又说，"对于人生来说，成功就是一架梯子，不管你攀登的技术是好还是坏，但有一点值得记住，双手插在口袋里的人是永远爬不上去的。"

是啊，双手插在口袋里的人，比如杰弗里，只知道抱怨，而不知道行动，是永远不可能登上成功这架梯子的！

要知道，一旦我们的头脑中出现了抱怨的意识，我们就会立马放下手中的活儿，为自己鸣不平、拉选票，在他人面前大骂世事不公，或是哀叹老天无眼。

长此以往，我们会不断放大不如意之事带给自己的负面情绪，让自己在抱怨中消极沉沦。所以，与其像杰弗里那样浪费时间在抱怨中碌碌无为，我们还不如正视困境，主动寻求解决之道，又或是重振精神，以积极乐观的心态笑看工作中的风风雨雨。

索尼公司创始人盛田昭夫曾经说过这么一个故事。

东京帝国大学的毕业生在索尼公司一直非常受欢迎。有个叫大贺典雄的帝国大学高才生，是一位有才华的青年。他加入索尼公司之后曾多次与盛田昭夫争论，盛田昭夫喜欢这个直言无忌的年轻人，非常器重他。

出人意料的是，后来盛田昭夫居然把大贺典雄下放到了生产一线，给一位普通工人当学徒。这让很多员工迷惑不解，甚至怀疑他得罪了盛田昭夫。有人为大贺典雄感到不平，但大贺典雄只是淡淡一笑。

一年后，更让人大跌眼镜的事情发生了，还是学徒工的大贺典雄居然被直接提拔为专业产品总经理，员工们百思不得其解。

在一次员工大会上，盛田昭夫为大家揭开了谜团："要担任产品总经理，必须对产品有绝对清楚的了解，这就是我要把大贺典雄下放到基层的原因。让我高兴的是，大贺典雄在他的岗位上干得不错。然而，让我坚定提拔念头的是——整整一年，他在累脏卑微的工作环境下居然没有任何牢骚和抱怨，而且甘之若饴。"

人们终于明白了其中的原因，不由得对大贺典雄报以热烈的掌声。5年后，也就是在34岁那年，大贺典雄成了公司董事会的一员，这在因循守旧的日本企业里，简直是前所未闻的奇迹。大贺典雄的故事告诉我们一个道理：永不抱怨是强者的生存哲学。如果我们对自己目前所处的环境不满意，那唯一的办法，就是让自己战胜环境、超越环境。

不可否认，人在遭遇挫折和不公正待遇时，会产生种种抱怨情绪，这是正常的心理反应。但是，如果一个人长期处于抱怨情绪中，总是把抱怨的矛头不断地对准别人，对准外界环境，那就会产生负面效应。因为抱怨之声总会令人反感，如果传到老板的耳朵里，还会让他觉得这是一个不好好工作的人。

永远记住，强者靠自己，弱者靠同情，怨天尤人实在于事无补，喜欢抱怨的人没有立足之地。在工作中，我们一定要学会转变心态，少抱怨，多行动，一心一意朝着自己的目标奋斗。要知道，当我们努力提高自己的职业素质，不抱怨地去工作时，整个世界都会给我们让路。

逆境中要懂得自我激励

当小孩摔倒的时候，有的妈妈会飞快地跑过去把他抱起来，还一边安慰他："宝贝，疼不疼？不哭哦，妈妈在呢！"

而有的妈妈则会冷静地站在一旁，为他加油打气："宝贝，自己站起来，你行的！"在妈妈的鼓励下，原本正准备咧嘴大哭的他，竟然晃晃悠悠地站了起来，朝张开双手的妈妈走去。

毫无疑问，后一种妈妈的做法是值得提倡的，因为她没有剥夺孩子自我成长的机会。众所周知，生活在这个世界上，我们会遇到各种困难，也会遭受各种不幸，没有人能保护我们一辈子，我们必须学会自己拯救自己。

其实，那些从困境中走出来的人并没有三头六臂，他们和我们一样都只是普通人，如果非得要说区别，那唯一的区别就是他们比我们更懂得自我激励。

懂得自我激励，就是一种良好心态的体现，这意味着，任何时候，不管遇到什么问题，他们都不应选择气馁，而是应该不断地鼓励自己直面问题，同时他们也相信自己有能力解决问题。正是这种适当的积极的自我期待和自我鼓励，最终使得他们冲破黑暗的阻挠，成功地驶向光明的彼岸。

1982年1月，美国人史蒂文·卡拉汉独自驾着自己建造的小船穿越大西洋，6天后，小船在途中沉没，他只能靠一个仅1.5米长的救生筏在海上漂流。

当时，救生筏上只剩下3斤食物、4升水、1个太阳蒸馏器和1个自控的矛。很快，所有的食物都被吃光了，所有的水也被喝光了，卡拉汉就像一个在旱时立于海水中的农夫，在希望中又近乎绝望。幸运的是，救生筏上还有蒸馏器和矛，卡拉汉不停地为自己打气，他尝试着用蒸馏器将海水变成饮用水，用矛来捕获可以果腹的鱼。在海上漂流的两个多月里，卡拉汉的救生筏漂流了大约2898公里，其间他一直在和死神做抗争，当他被渔民救起时，他的体重已经下降到令人无法相信的程度，用骨瘦如柴和形容枯槁来形容都不为过。

后来，卡拉汉向人们讲述他一路的艰辛和苦难，他说自己既要承受严重的晒伤，还要不断地和凶残的鲨鱼作斗争。最让他痛苦的是，唯一的救生筏还被扎破了，他不得不拖着虚弱的身体，花了一个多礼拜的时间去修理，最后实在没有办法，他只能耗尽所有的力气去吹它，而他所做的这一切，都是为了能活下来。很多人问他，你在海上漂流了整整76天，难道没有一刻想要放弃吗？

对于这个问题，卡拉汉并没有做出回答，不过他在自己的回忆录《漂流：迷失大海76天》中如是写道："我告诉自己我能行。比起别人的遭遇，我算是幸运的。我一遍又一遍地对自己这样讲，好让自己坚强起来。"

不能说卡拉汉没有过一点恐惧，然而，恐惧只是一时的，生存的决心和自我的鼓励给他带来了源源不断的力量，他相信自己一定能行，一定能攻克难关活下去。事实证明，他的自我激励取得了良好的效果，他克服一切困难活了下来。

在这个世界上，有的人眼睛失明都能出书，有的人耳朵失聪还能奏乐，有的人双腿残疾却能走世界上最远的路……试问，有多少人天生就是一帆风顺的幸运儿呢？比我们更不幸的人比比皆是，可他们个个都活出了自己的光彩，这难道不是一个奇迹吗？

当然，奇迹不是天上掉下来的免费午餐，它需要我们每一个人在面对困难和挫折时，都懂得自我激励，给自己打气，昂首阔步向前走，不断取得进步。尤其是在工作中，我们若想提升自己的职业素质，将工作做到尽善尽美，就必须学好自我激励这堂职场必修课。

美国联合保险公司业务部有个叫姜寒·艾伦的人，他一心想成为公司的王牌推销员。

有一天，他买了一本杂志回来阅读，其中一篇《化不满为灵感》的文章令他非常振奋，文中作者教导读者，如何利用自我激励的心态实现自己的梦想。

艾伦仔细地反复阅读这篇文章，并在心中默念着，或许有一天他可以将这种心态灵活地运用到工作中去。

那一年的冬天，艾伦在工作上遭遇困难时，正巧让他有了践行这种心态的机会。

在寒风刺骨的冬天里，艾伦正在威斯康星市区里沿街拜访，然而，运气不好的他，一次又一次吃了闭门羹。心情烦闷的艾伦，当天晚上回到家后，用餐时间什么东西也吃不下，烦恼地翻看着手上的报纸。

忽然间，一个突如其来的念头闪过脑际，他想起了那篇《化不满为灵感》的文章，于是兴冲冲地将剪报找了出来，仔细地重温其中的要诀，接着他告诉自己："明天我一定要试一试！"

第二天，他到公司向其他同事报告昨天的情况。当他报告时，其他与他遭遇相同的同事，个个都表现出垂头丧气的模样，只有艾伦精神饱满地说明昨日进度。

最后艾伦做了这么一个结语："放心好了，今天我还要再去拜访昨天那些客户，今天的业绩我一定会超越你们！"

不知道是幸运之神听见了他的呼唤，还是文章里的秘诀真的有效，艾伦真的实现了他的诺言。他又来到昨天到过的那个地区，再度拜访了每一位客户，结果，他一共签下了66份新的意外保险单。

不难发现，正是自我激励让姜寒·艾伦重拾工作的信心，不再畏惧自己所遇到的困难和挫折。他鼓励自己，相信自己一定能行，并竭尽全力地付诸行动，所以才促使结果朝着自己想要的那个好的方向发展。

所以，在工作中，当我们被困难、挫折、苦难、不幸包围时，不要急于缴械投降，更不要轻易否定自己、贬低自己、看不起自己。要知道，最重要的力量永远都在我们自己身上，只要我们学会调整心态，激励自己，把自己对困境的畏惧转变为蔑视，那我们就能从险恶的环境中突围出来，我们就能不断取得进步，成为一名高素质的优秀员工！

第五章
控制自己的惰性

正像一个年轻的老婆不愿意搂抱那年老的丈夫，幸运女神也不搂抱那迟疑不决、懒惰、相信命运的懦夫。

——《五卷书》

一个懒惰心理的危险，比懒惰的手足，不知道要超过多少倍。而且医治懒惰的心理，比医治懒惰的手足还要难。因为我们做一件不愿意不高兴的工作，身体的各部分，都感到不安和无聊。反过来说，如果对于这种工作有兴趣、愉快，工作效率不但高，身心也感觉到十分舒适。因不适宜的劳动，使身心忧郁而患的病症，医生称为懒惰病。

——戴尔·卡耐基

懒惰和贫穷永远是丢脸的，所以每个人都会尽最大努力去对别人隐瞒财产，对自己隐瞒懒惰。

——塞缪尔·约翰逊

告别懒惰才能成就事业

"你见过凌晨四点的洛杉矶吗？我见过每天凌晨四点洛杉矶的样子。"

科比退役的时候，这句话刷爆了朋友圈，球迷、伪球迷、非球迷都争相模仿致敬，于是有人晒出了午夜时分的图书馆，有人晒出夜深人静一盏孤灯的写字楼，也有人晒出了健身房里十级美颜的自拍照。

这样的朋友圈，我们或许多多少少都见过或者发过吧？

扪心自问，考试前秀勤奋的你，真的有专心复习吗？还是刷微博、刷抖音，深夜发一条励志信息然后沉沉睡去呢？

在公司秀加班的你，真的有努力工作吗？还是设置了"仅领导可见"，为升职加薪铺路呢？

在健身房晒自拍的你，真的有汗流浃背地撸铁吗？这么久了，怎么只见你晒美颜，不见你晒腹肌呢？

没有勤奋作为支撑，用力凸出的人设，也就只能骗来几个不走心的点赞吧！

香港"珠宝大王"郑裕彤，出生在一个农民家庭，自幼家境贫寒，15岁时即中断学业，到香港周大福珠宝行当学徒。

临行前，母亲叮嘱他：干活勤快，遵守规矩，多动手，少动口。

郑裕彤牢记母亲的教诲，干活又勤快又机灵。他处处留意，看老板和同事如何做好经营管理，还在业余时间观察别的商家如何营业。

一次，他去别的珠宝店观察人家的经营之道，不料回来时遇上堵车，迟到了。老板发现后，问他何故迟到。他便据实相告。

老板不相信一个小学徒还有这份心，就问："你说说，你看出了什么名堂？"

郑裕彤不慌不忙地说："我看人家做生意，比我们要精明。客人只要一进店，伙计们总是笑脸相迎，有问必答。无论生意大小，一概客客气气；就是只看不买，也笑迎笑送。我觉得，这种待客的礼貌周到是最值得我们学习的。还有，店铺的门面也一定要装饰得像模像样，与贵重的珠宝相配。我看人家把钻石放在紫色的丝绒布上，高贵典雅，让人格外心动……"

郑裕彤侃侃而谈，周老板暗暗惊喜。他预感此子必成大器，便有意培养他。

郑裕彤成年后，颇受周老板器重，周老板便将女儿嫁给他，后来干脆将生意全交给他打理。

郑裕彤不是无义之人，他暗下决心，一定要把珠宝行做得更好，以报答岳父的知遇之恩。

在他的苦心经营下，周大福珠宝行发展成为香港最大的珠宝公司，每年进口的钻石数占全香港的30%。之后，郑裕彤又投资房地产业，成为香港几位房地产大亨之一。

后来，有人问郑裕彤为什么取得如此大的成功？他说出了自己的秘诀：守信用，重诺言，做事勤恳，处事谨慎，饮水思源，不应见利忘义。

同时，他也将这些话作为家训告诫着自己的后代。

郑裕彤的"24字箴言"里，核心是"勤"。自他走向社会，几十年如一日地勤勤恳恳、兢兢业业，靠"勤"发家，靠

"勤"致富。

即使在发家以后，郑裕彤一天工作12小时也是常有的事，以致母亲常心疼地责怪他："你又不是没钱，何苦仍然那么拼命？"

看看拥有丰厚财产尚且勤勉刻苦的郑裕彤，你是不是该问一下自己："我尽力了吗？"

所谓"尽力"，是尽到了哪种程度的力呢？是不是"尽力"之后，就连吃饭、走路也使不出力气了呢？如果不是如此，怎么能说自己已经尽力了呢？

某位著名的法学家有一次在大学授课时讲道："当你为一个案子辩论的时候必须尽心尽力，如果你掌握了有利的人证、物证，就紧抓住事实去攻击对方；如果你掌握了有利的法律条文，就用法律去攻击对方。"

这时，一个学生突然发问："如果既没有有利的事实，也没有有利的法律条文，应该怎么办？"

这位法学家想了一下说："即使碰到这种最糟糕的情况，你还是要理直气壮，尽量用力拍桌子。"

"实在是因为实力不如对方才会失败。虽然输了，可是我们也已经尽力了。"我们经常会听到失败的人这么自圆其说。然而，这只是一个不负责任的借口而已。

"尽力"，意味着已经绞尽脑汁、用尽才华，发挥了所有潜能，动用了所有可以利用的人力、物力。如果没有做到这种程度，那怎么能说已经尽力了呢？

人生的意义就在于拼命争取胜利。或许有人认为这未免太冷酷无情，但这正是世界最真实的一面，竞争激烈的现代社会就是这般残酷。

人生应该以胜利作为最终目的，对于胜利必须有强烈的渴望。

贝多芬说："在困厄颠沛的时候能坚定不移，这就是一个真正令人敬佩的人的不凡之处。"

遭遇紧要关头，绝对不可以松懈，必须想尽办法、拼尽全力冲破难关。一旦穿过了这道瓶颈，前程就会豁然开朗，进入另一个光明灿烂的人生阶段。

有人说："谁以为命运女神不会改变主意，谁就会为世人所耻笑。"

"勤能补拙"已是一句老话，但从学校毕业，进入了社会，这句话就不一定能常听到了。

能承认自己有些"拙"的人不会太多，能在进入社会之初即体会到自己"拙"的人更是少之又少。大部分人都认为自己不是天才至少也是个干将，也都相信自己接受社会几年的磨炼后，便可一飞冲天。

但是，能在短短几年内一飞冲天的人能有几个呢？有的飞不起来，有的刚展翅就摔了下来，能真正飞起来的实在是少数中的少数。

为什么呢？大多是因为社会磨炼不够，能力不足，又不愿以勤补拙。

勤奋的人愿意付出比别人多几倍的时间和精力来学习和工作，不怕苦不怕难，兢兢业业。这样的人，怎么可能不成功呢？

其实"勤"并不只是为了补"拙"，在一个团体里，勤奋的人还总会获得更多的好处。

一是可以塑造敬业的形象。当其他人"摸鱼"时，你的敬业精神会让别人刮目相看，认为你是值得敬佩的。

二是容易受到领导的器重。每个领导都喜欢勤奋的员工，因为勤奋的人让人更放心，更愿意把重要的工作交给他。长此以往，接触的工作越来越重要，不仅自己的能力会得到很大的提升，同时也会因为不断参与重要工作而成为组织的核心成员。

"业精于勤荒于嬉。"在通往成功的路上，曲折和坎坷是难免的，而不管多么聪明的人，要想成功，都少不了一个"勤"字。人生中任何一种成功和幸福的获取，大都始于勤也成于勤。

"你见过凌晨四点的洛杉矶吗？我见过每天凌晨四点洛杉矶的样子。"

科比的话，不知道能不能激励哈登看看凌晨四点的休斯敦，激励库里看看凌晨四点的奥克兰，激励"皇帝"詹姆斯看看凌晨四点的克利夫兰。

但我希望，这句话可以激励你努力读书、努力工作、努力为自己的梦想拼搏。因为只有告别懒惰，你才能成就一番事业。

舒适区是滋养惰性的土壤

雅琪是我的大学同学，曾经睡在我对床的姑娘。同在北京多年，我们从最初的每日煲电话粥吐槽，到现在越来越习惯微信留言——因为她的电话时常是无法接通的。

不是在开会，就是在见客户，要么是在上培训课，好不容易有空闲，手机可能又被她丢在健身房的更衣柜里。

　　这就是所谓"身体和灵魂总有一个在路上"吧？当然，不是旅行的路上，是成长的路上。

　　在这样的忙忙碌碌中，我眼见着她从初入职场懵懵懂懂的业务员，一步一步做到了市场部经理。

　　也不是没有听她抱怨过工作压力太大，客户太难缠，英文太难学。但是吐槽过后，依然会看到她再次打起精神走出自己的舒适区，去挑战下一个目标。

　　每个人都想成功，但有些人总是错过成功的机会，原因在于他们沉浸舒适区无法自拔。

　　我们身边都有这样的人，早上躺在床上不想起来，起床后什么也不想干，能拖到明天的事今天不做，能推给别人的事自己不干，不懂的事不想懂，不会做的事不想学。凡事得过且过，不思进取，也不去考虑明天会怎样。

　　当一个人习惯了这样的舒适区以后，对任何需要付出努力去做的事情都会感到不适应，难以接受。生活渐渐如一潭死水，不愿改变，不愿接受新鲜事物，最后必将被社会淘汰。

　　有的学生遇到难题，不愿意思考，不愿意请教老师，浑浑噩噩地混日子，最后成绩太差毕不了业；有的人工作中遇到新事物不愿意学习，自身技能渐渐跟不上行业发展需求，被公司辞退；有的商人因循守旧，面对汹涌的经济浪潮也不肯求新求变，渐渐被市场淘汰，难逃破产命运；有的患者怕苦怕痛不肯吃药打针，最后导致病情发展严重，难以医治……

　　躺在舒适区里混日子是很容易的，但其结果却是谁都不愿意承受的。

　　那么，为什么不趁着大好时光走出舒适区，去挑战一些自己未曾攀登过的高峰，去将一些原本认为的"不可能"变成

"可能"，去成就更美好的自己呢？

你羡慕谁谁谁考上了哈佛，但你依然躺在床上不肯起来读书。

你羡慕谁谁谁登上了珠穆朗玛峰，但你依然赖在沙发上"葛优躺"。

你羡慕谁谁谁出了书、开了签售会，但你依然不肯建个文档打出一个字。

你羡慕谁谁谁创业成功开了公司，但你依然抱着手机不肯放弃"王者荣耀"。

打赢一百局"王者荣耀"，你能不能成为一个真正的王者？

你刷着快手和抖音傻笑，人家成了网红赚得盆满钵满，你收获的只有笑出来的满脸褶子。

你看着朋友圈里大家闪闪发光的生活，出去跟人吹牛说"我朋友怎样怎样"，你口中的"朋友"可能根本不记得你是哪位。

醒醒吧，朋友！你所沉浸其中不能自拔的舒适区，其实是一座舒适的坟墓。这里埋葬了你的时间，你的生命，你的前途和未来。

你需要行动起来，走出舒适区，去看看外面精彩的世界，去感受烈日下的挥汗如雨，去体验风雨中的激流勇进，去尝试再次做一个逆风飞翔的少年。

只有行动起来，你才能逐渐接近心中潜藏已久的梦想，才能成就更美好的自己。

某著名作家曾经说过，床是个让人又爱又恨的东西。我们晚上上床睡觉前，想到没有做完的工作总觉得睡觉还太早。然而，第二天早上，我们还是不愿意早起床。尽管昨天晚上我们下决心第二天早上一定要早起。

19世纪美国杰出的政治家丹尼尔·韦伯斯特往往是在早餐前写好20封到30封的回信。

英国著名小说家司各特之所以能取得那么多的成就，原因就在于他是个行动力很强的人，从来不会因耽于舒适而误事。

他早上很早就起床。他自己曾经说，到早餐时，他已经完成了一天当中最重要的工作。

一位渴望在事业上获得成功的年轻人曾写信向他请教，他这样答复："一定要警惕那种使你不能按时完成工作的习惯——我指的是，拖延磨蹭的习惯，要做的工作即刻去做，等工作完成后再去休息，千万不要在完成工作之前先去玩乐。"

在完成任务后，给自己一个奖励，奖励要实际并按事先定好的办。要留意会引诱自己不按计划行事的想法，例如，"我明天再做"、"我应该休息一下了"或"我做不了"。

要学会把自己的思想倾向扭转过来："假如我再不做就没有时间了，下面还有很多事情等着我去做呢""如果我做完这个，我就会感觉更轻松一些了"或"我一旦开始做，就不会那么糟糕了。"

倘若开始行动对你是一个挑战，那么设计一个"10分钟计划"：先花10分钟时间去做你惧怕的工作，再决定是否继续做下去。

倘若你在工作当中出现了一些障碍，那就把工作地点或姿势改变一下，休息一下，或者换一下工作内容。

向能为你的工作提供咨询帮助的朋友、亲人寻求帮助。在工作进程中向他们求教，告诉他们你需要他们的支持，你需要倾诉你对工作的感想，你需要来自他们的鼓励。

下面是我的几点经验，对你勇敢走出舒适区会有很大的帮助。

第一，不要拖延，及时行动。不要说："我下周再去做。"在现在与下周之间会出现太多的变化，现在就对你的实际情况进行研究，进而付诸行动。

第二，把你的热情和积极性给激发出来，不断地前进，使成功逐渐靠近你。付诸行动才会让你有机会取得成功，而坐着不动只会使你的计划付诸东流。行动才会带来报酬，你的热情和积极性会因拖延而被消耗。

第三，检查你的进展，做必要的修正。直到你已经着手某件事之后，你才能修正你的行动。因此，把你最终的收获与你早期的估计做一下比较，吸取经验和教训，争取在下一次的行动中做到更好。

第四，不要裹足不前。不要停滞不前，要不断向前发展。只有不断向前进取，才能让你更快地取得成功。

如果你迈出了第一步，那你就成功了一半。

遇到问题的时候，你要快速地采取行动，马上去做，比你的竞争对手更早一步知道、做到，这样你才能有成功的可能性。

你只有走出舒适区，走上通向美好人生的道路，才有可能遇见更好的自己。

越努力，越幸运

当人们谈论幸运的时候，往往会想到金融市场中的那些大亨，在这里有着太多一夜暴富的故事，也许"幸运"可以在这里成为最合理的解释。

　　1878年6月6日，一个名叫威廉·马蒂斯的男孩子出生在美国得克萨斯州路芙根市的一个爱尔兰家庭。由于马蒂斯的父母是爱尔兰籍移民，家里没有一点积蓄，加之当时美国经济不景气，马蒂斯的母亲常常为一日三餐发愁。

　　少年时代的马蒂斯只读了几年书便早早辍学了，他不得不像大人一样，为了生计奔波。

　　马蒂斯在火车上卖报纸、送电报、贩卖明信片、食品、小饰物等东西，赚取微薄的收入，以贴补家用。

　　与其他报童不同的是，马蒂斯放报纸的大背包里时刻都装着书，空闲的时候，当别的报童纷纷去听火车上卖唱的歌手们唱歌或跑到街上玩耍时，马蒂斯便悄悄地躲到车站的角落里读书。

　　在这段时间里，他初步认识到世界上的一切事物的发展变化都遵循各自的规律。

　　马蒂斯的家乡盛产棉花，在对棉花过去十几年的价格波动做了分析总结后，1902年，24岁的马蒂斯第一次入市买卖棉花期货，便小赚了一笔。之后他又做了几笔交易，几乎每笔都能赚到不少钱。

　　投资棉花期货的成功坚定了马蒂斯进军资本市场的信心。不久，马蒂斯到俄克拉荷马去当证券经纪人。

　　当别的经纪人都将主要精力放在寻找客户以提高自己的佣金时，马蒂斯却把美国证券市场有史以来的记录收集起来，一头扎进了数字堆里，在那些杂乱无章的数据中寻找着规律性的东西。

当时做经纪人的收入是很可观的。每到夜晚，马蒂斯的许多同事便出入高级酒店、呼朋唤友。而他由于没有客户，得不到佣金，只能穿着寒酸的衣服躲在狭小的地下室里独自工作着。

同事们笑他迂腐，笑他找不到客户，还暗地里给他起了个外号叫"路美根的大笨蛋"。

马蒂斯并不理会这些，依然我行我素。他用几年的时间去学习金融市场的运行规律，不分昼夜地研究金融市场在过去一百年里的历史。

1908年，马蒂斯30岁，移居纽约，成立了自己的经纪公司。同年8月8日，马蒂斯发表了他最重要的市场趋势预测法：控制时间因素。

经过多次准确预测后，马蒂斯声名大噪。

许多人对马蒂斯一次次对证券市场的准确定位颇为不解，更有一些人坚持认为这个年轻人根本没有那么大的本事，他的成功只不过是传媒在事实的基础上大肆渲染的结果。

为证明自己报道的真实性，1909年10月，记者对马蒂斯进行了一次实地访问。

在杂志社记者和几位公证人员的监督下，马蒂斯在10月份的25个市场交易日中共进行286次买卖，结果，264次获利，22次损失，获利率竟高达92.3%。

这一结果一见诸报端，立即在美国金融界引起轩然大波。人们惊呼，这个年轻人简直太幸运了！

在以后的几年里，马蒂斯在华尔街共赚取了5000多万美元的利润，创造了美国金融市场白手起家的神话。

不仅如此，他潜心研究总结出的"波浪理论"还被译成十几种文字，作为世界金融领域从业人员必备的专业知识而被广为传播。

许多时候，人们总会用"幸运"来形容一个企业家或是某个人的崛起与成功，还有一些人会经常抱怨自己时运不济，对生活和事业中的"不公平"产生困惑与不满。

事实上，幸运的得来，靠的是一个人艰苦卓绝的努力与永不放弃的执着。

当你呼朋引伴夜夜笙歌的时候，他在斗室里默默努力钻研；当你在艳阳下游乐狂欢的时候，他在岗位上默默辛勤耕耘；当你毕业多年仍在业界不名一文的时候，他已经成为行业翘楚，让你望尘莫及。

而你就只会说："那个人真幸运。"

幸运个锤子啊！

这让我想起了一位做房地产行业的朋友给我讲过的一个故事。

故事的主人公是她的同事，叫蕾蕾。

蕾蕾的老家在一个偏远贫困的农村，有多偏远多贫困呢？

2012年的时候还没有用上电冰箱和洗衣机，一台大脑袋的电视机是她家里唯一的电器。

蕾蕾大学毕业后来北京打工，做房屋租赁业务员，也叫经纪人。

她又矮又黑，打扮土气，呆呆笨笨的，不懂人情世故，性格也不太讨喜，在房产公司一众年轻漂亮且机灵的姑娘中间显得格格不入。总之，在公司是一个不受待见的角色，更是从来也不会参加员工的私人聚会。

但是这个姑娘的优点是格外勤奋。不懂就问，即使遭人白眼也要厚着脸皮把问题弄清楚。白天打推销电话；无论严寒酷暑都坚持带客户看房，哪怕正吃着饭，只要客户一个电话打来，马上放下筷子带人去看房；来租房的大部分是上班的年轻人，有些人晚上十点加班结束以后才有时间，她即使等到夜里十点、十一点也毫无怨言。回家以后再整理资料、登录网站……

工作半年以后，她帮家里买了电冰箱、洗衣机、空调，换了更大更好的电视机。

第二年年底，她成了全公司的销售冠军。

第三年，她贷款在燕郊买了一个小房子。

当初嘲笑她的同事说："你真幸运。"

幸运吗？如果幸运是可以靠汗水与努力换来的，那她真的是非常幸运了，因为她付出了常人不愿付出、不肯付出的艰辛。

幸运永远属于勤奋的人，这是一条毋庸置疑的真理。

三国时期的吕蒙是东吴将领，他英勇善战，所向无敌，深得周瑜、孙权器重。但是，吕蒙十五六岁就从军打仗，没读过什么书，也没什么学问。为此，同样受器重的大都督鲁肃很看不起他，认为吕蒙不过是草莽之辈，四肢发达、头脑简单，不足与其谋事。

吕蒙自认低人一等，也不爱读书，不思进取。

有一次，孙权派吕蒙去镇守一个重地，临行前嘱咐他说："你现在很年轻，应该多读些史书、兵书，懂的知识多了，才能不断进步。"

吕蒙一听，忙说："我带兵打仗忙得很，哪有时间学习呀！"

孙权听了批评他说："你这样就不对了。我主管国家大事，比你忙得多，可仍然抽出时间读书，收获很大。汉光武帝带兵打仗，在紧张艰苦的环境中，依然手不释卷，你为什么就不能刻苦读书呢？"

吕蒙听了孙权的话，感到十分惭愧，从此以后便开始发愤读书，利用军旅闲暇，读遍诗、书、史及兵法战策，如饥似渴。

功夫不负苦心人，渐渐地，吕蒙官职不断升高，当上了偏将军，还做了寻阳令。

周瑜死后，鲁肃代替周瑜驻防陆口。

大军路过吕蒙驻地时，一谋士建议鲁肃说："吕将军功名日高，您不应怠慢他，最好去看看。"

鲁肃也想探个究竟，便去拜会吕蒙。

吕蒙设宴热情款待鲁肃。席间，吕蒙请教鲁肃说："大都督受朝廷重托，驻防陆口，与关羽为邻，不知有何良谋以防不测，能否让晚辈长点见识？"

鲁肃随口应道："这事到时候再说嘛！"

吕蒙正色道："这样恐怕不行。当今吴蜀虽已联盟，但关羽如同熊虎，险恶异常，怎能不加预谋，不做好准备呢？对此，晚辈我倒有些考虑，愿意奉献给您做个参考。"

吕蒙于是献上五条计策，见解独到精妙，全面深刻。

鲁肃听罢又惊又喜，立即起身走到吕蒙身旁，抚拍其背，赞叹道："真没想到，你的才能进步如此之快……我以前只知道你是一介武夫，现在看来，你的学识也十分广博啊，远非昔日的'吴下阿蒙'了！"

吕蒙笑道："士别三日，当刮目相看。"

从此，鲁肃对吕蒙关爱有加，两人成了好朋友。

吕蒙通过努力学习和实战，终成一代名将而享誉天下。

每个人的成就都不是随随便便获得的。你只看见别人毫不费力取得成就，却不知道他在你看不见的地方默默努力了很久很久。

如果你愿意放弃灯红酒绿的精彩生活，沉下心来默默努力，悄悄拔节，在下一个春天来临的时候，或许你也可以一夜盛开，惊艳四方。

第六章
控制自己的愤怒

我们从愤怒中带来的每一个打击，最终必然落到我们自己身上。

——本恩

人们常常用愤怒来填补理智的空白。

——奥杰尔

愤怒是短暂的疯狂。

——贺拉斯

自控让你避免冲动

胸怀大志、目光高远者往往不拘小节，不会为脚下一些小事情而冲动盲动，以致打乱成大事的节奏、分散成大事的精力。打个比方，一个怀揣利刃矢志屠龙的勇士，绝不会理会行进途中宵小之辈的讥讽与挑衅，他没有时间也懒得花精力去回击。

生于战国末年的张良本来名叫姬良，他是韩国的名门之后，其祖父和父亲相继为韩相国，侍奉过五代君王。

公元前230年，韩国首当其冲遭秦灭。20岁出头的姬良从贵胄公子沦落为亡国之奴，他一度压不住对秦王的怒火，冲动地想学荆轲刺杀秦王。

公元前218年，他孤注一掷地发动了行刺，结果事情未成反而险些让自己丧命。侥幸逃脱后，姬良改名为张良，于躲避秦王通缉中幸遇圯上老人。圯上老人刻意侮辱张良，让张良明白自己身上的使命是诛灭暴秦而非杀秦王。

一个身负重大使命的人，看事物的眼光骤然开阔，心胸也不再狭窄。

后来，张良以他坚毅的忍耐力、冷静的思考能力，辅助刘邦灭秦诛楚，建立了一番伟大的功业。

想一想，你有一个宏大的志向吗？如果有，就一定要学会控制自己的情绪，不要因为一时冲动坏了大事。

控制情绪的3个原则

控制自己的情绪和行为，是一个人有教养和成熟的表现。可是在生活和工作中，常常会有这样的人，他们总是为一点小事而大动干戈、发脾气，闹得鸡犬不宁，既破坏了和谐的工作环境，也破坏了同志间的团结。心理学家认为，冲动是一种行为缺陷，它是指由外界刺激引起的，突然爆发，缺乏理智而带有盲目性，对后果缺乏清醒认识的行为。

有关研究发现，冲动是靠激情推动的，带有强烈的情感色彩，其行为缺乏意识的能动调节作用，因而常表现为感情用事、鲁莽行事，既不对行为的目的做清醒的思考，也不对实施行为的可能性做实事求是的分析，更不对行为的不良后果做理性的评估和认识，而是一厢情愿、忘乎所以，其结果往往是追悔莫及，甚至铸成大错、遗憾终生。

增强自制力，可以使我们有更多的机会获得成功的体验，使自己更加理智，遇事更为冷静，从而进入良性循环，使自我得到健康积极的发展。

有了较强的自制力，可以使人具有良好的人格魅力，增强自己的亲和力，更容易得到别人的认同，拥有更多的朋友和知己，使自己的交际范围更为广泛，在与朋友的交往中学习别人的优点，吸取别人的教训，进一步完善自我。

自制力可以使我们激励自我，从而提高学习效率；也可以使自己战胜弱点和消极情绪，从而实现自己的理想。怎样培养和增强自己的自制力呢？从理论上讲可以从以下几个方面进行。

1. 认识自我，了解自我，深入自己的内心

人最大的敌人不是别人，而是自己。只有认识自我，在取得成绩时，才能保持平常的心态，不会因此而骄傲自满，丧失自我，对自己的能力进行过高的估计；只有认识自我，在遇到挫折和失败时，才不会被其击倒，一如既往地为着自己既定的目标而努力，不会对自己进行过低的评价。任何人都不可能一帆风顺地就成功了，也没有任何事情是不需要付出任何一点努力就能完成的。当我们遇到挫折时，当我们因为各种原因而后退时，我们必须重新认识自我，只有在正确认识自我的基础上，我们才能重新找回自己的航行坐标，朝胜利方向前进。我们随便找几个人问他了解不了解自己，得到的回答一般来说都是肯定的。很多时候，人们总是认为自己对自己最为了解，其实，你真的了解自己吗？不，其实很多人根本不了解自己，根本不能正确地认识自己。很多时候，我们总认为自己是对的，但当事情有了结果之后，我们才发现自己的错误，我们常常认为自己完全了解自己，其实我们是被自己蒙蔽了，或者说我们自己不愿意去正确地认识自己，我们情愿为自己的表象所麻痹。怎样才算认识自己了呢？认识自我，就是对自己的性格、特点、长处、短处、理想、生存目的、价值观、兴趣、爱好、憎恶、心理状态、身体状态、生活规律、家庭背景、社会地位、交际圈、朋友圈、现在处于人生的高峰还是低谷、长期或短期目标是什么、最想做的事是什么、自己的苦恼是什么、自己能够做什么、自己不能做成什么等方面做出正确全面

的综合评估。

2. 学会控制自己的思想，而不是任由思想支配

人的具体活动，都是由思想进行先导，每个行为都受着思想的控制，有的是无意的，有的是有意的。但是，思想是构建在肢体之上的，它必须起源于我们的身体。在思想控制活动之前，我们就一定要先主动积极地对其进行正确的引导，或者控制，修正其中的错误，发出正确的行动指令。这样，我们的行为才会减少冲动因素，使我们的情绪更为稳定，能更为理性地看待问题。

要想控制思想，让其受我们自身的驾驭，就要知道自己想做什么，能做什么，不能做什么。当明确了这些之后，我们在思想上就可以为自己的行为定下一个准则，利用这个准则来指导自己该做什么，不该做什么。

要想掌控自己的思想不是件容易的事情，在活动进行的过程中，我们原先为自己定下的准则会时不时地受到各种因素的影响，使得我们所坚持的准则开始动摇甚至坍塌，所以，在活动进行的过程中，我们要时常检讨自己的行为，思考自己的得失，减少冲动、激进的心理，这样才能重新夺回思想的控制权，使自己的行为更为理性。

3. 树立远大的目标

一个有远大目标的人，能不太理会身边的嘈杂而专注前行；一个想去麦加朝圣的行者，不会轻易在路途中听别人的话而改变路线，也不会轻易因别人的挑衅而拔刀相向。勾践因为有复国雪耻的目标，因此不会因为夫差的羞辱而冲动。

因为有了努力的方向，所以不会盲目行动；因为身负重

任，所以心无旁骛地前行。有了自己最想完成的目标，我们的思想和行为或多或少都会受其影响，在一定程度上可以矫正我们的思想和行为，对我们自制力的增强将会起到积极的作用。

别因冲动懊悔终生

在某处，主人让猫和狗担任看家的职责。

狗是勤快的。每天，当主人家中无人时，狗便竖起两只耳朵在主人家的周围，哪怕有一丁点的动静，狗也要狂吠着疾奔过去，兢兢业业地为主人做着看家护院的工作。

每当主人家有人时，他的精神便稍稍放松了，有时还会稍睡一会儿。在每一个人的眼里，这只狗都是懒惰的，极不称职的，便也不再奖赏它好吃的了。

猫是懒惰的。每当家中无人时，便伏地大睡，哪怕三五成群的耗子肆虐也不睁开眼睛。睡好了，就到处散散步，活动活动身子骨，这儿瞅瞅那儿望望，像一名恪尽职守的警察。主人在时，它时不时还对主人舔舔脚、逗逗趣。在主人的眼中，这无疑是一只极勤快、极可爱的猫，好吃的自然给了它。

由于猫的"恪尽职守"，主人家的耗子越来越多。终于有一天值钱的家当被咬坏了，主人震怒了。他召集家人说："你们看看，耗子都猖狂到了这种地步，我认为一个重要的原因就是那只狗也不帮猫捉几只耗子。我郑重宣布，将狗赶出家门，再养一只猫如何？"家人纷纷附和说，这只狗是够懒的，每天只知道睡觉，看猫多勤快，抓耗子吃得多胖，都有些走不动了。是该将狗赶走，再养一只猫了。

于是，狗一步三回头地被赶出了家门。自始至终，它也不愿离开家门，它只看到，那只肥猫在它身后窃窃地、轻蔑地笑着。最终结局是：两只猫越来越肥，耗子越来越多，家中被盗几次，主人开始怀念起了被赶走的狗。

仔细留意一下，这样的故事不止一个。

勤奋工作、尽职尽责，却不被人欣赏，甚至被同事排挤，被领导训斥；好吃懒做、甜言蜜语，却被人欣赏，甚至被领导提拔，这样的事不在少数。请相信，有些人会有后悔的一天。如果这事在你身上发生，不要太费力去计较，请相信：是金子总会发光的。

还有另一个关于狗的故事。

很久很久以前，在阿巴加旺住着一个领主。领主有一个老婆和一个儿子，他的儿子还小，躺在摇篮里，每天得有人照看。他还有一条狗，这是一条忠心耿耿的大狗，这条狗勇敢倔强，打起架来不置对方于死地不肯罢休。

一天，领主的老婆上教堂去了，领主坐在院子里乘凉。忽然传来一阵嗥叫声。随后他看见一匹牡鹿从他身边穿过，一群猎人和狗在后面追它。猎人们骑着马，狗奔跑着。

"我得和他们一道去追，"领主自言自语地说，"我是这块土地的主人，这匹牡鹿有我一份。"

那条狗照例总是跟他走的，可这回主人指了指睡在摇篮里的孩子，它就乖乖地蹲伏在摇篮的一边了。

领主走后不久，一只狼从门外走进来，闻到了人肉的香味，就直朝摇篮跑去，想吃掉这孩子。狗呼哧一声站起来，竖起背上的毛。一眨眼的工夫，它已经和狼扭打起来了。

　　这是只很厉害的狼，是山里有名的"灰色武士"。两个天生的冤家用牙齿撕，爪子抓，直打得口角流血，皮毛扯成一片片，像破布条似的挂在身上。它们从房间的这一头打到那一头，撞翻了摇篮，把血溅在毯子上。尽管它们又是吼又是叫，尽管它们的爪子抓得"嘎啦嘎啦"响，孩子却始终安安静静地躺着。他睡着了，一点儿也没受惊吓。那只狼根本就没有机会接近他。

　　最后狗把狼逼到了房间尽头的一个角落里，狼的嚎叫声平息下来，变成了喘息声，吼叫声变成了嘶哑的嘘嘘声，已无力挣扎了。狗立即使出了最后的力气，咬断了狼的喉咙。

　　过了一会儿，打到猎物的领主兴高采烈地回来了。狗听见院子里主人的脚步声，挣扎着站起来，跑去迎接主人。狗摇着尾巴要舔主人的手，可主人闻到的是狗满嘴的血腥味，看到的是血迹斑斑的狗腿和尽是血迹的地板，以及倒扣在地板上的摇篮。孩子呢？哪儿也看不见，领主大吃一惊，心生伤悲。

　　"恶魔！"领主一边高喊着，一边拔出剑。他愤怒得几乎要发狂了，以为这狗吃了他的孩子。领主一剑刺穿了狗的身子，狗倒地死了。狗刚刚断气，领主听见摇篮底下一声孩子的哭叫。他急忙奔过去，扶正摇篮，他的孩子平平安安地躺在里面，白胖胖的手指头正扯着围在嘴前的丝巾。

　　就在领主把孩子往怀里抱的时候，他发现躺在远处屋角里的那只死狼。主人赶回到狗那里，他看见狗的两腮被撕裂了，血肉模糊，这是那场恶战给它带来的。领主十分悲伤，心如刀割。他捶胸顿足，懊悔万分。可是狗已经死了，再也无法喘息了。

　　后来悔恨不已的领主叫行吟诗人把他的鲁莽行为编成一个

故事，还选了一块很好的墓地，像埋葬英雄那样埋葬了他的狗。

从此以后，人们形容那些鲁莽行事而又事后懊悔的人说：他可怜得就像那个杀了狗的人。

尝试改掉坏脾气

一提到"脾气"，许多人都会认为是"脾"之"气"，是与生俱来无法改变的。因此，那些脾气不好的人，大抵是一贯如此，直至老死仍无任何改变。脾气不好的人，最容易冲动。

从前，有个脾气极坏的男孩，到处树敌，人人见到他都唯恐避之不及。男孩也为自己的脾气而苦恼，但他就是控制不住自己。

一天，父亲给了他一包钉子，要求他每发一次脾气，都必须用铁锤在他家后院的栅栏上钉一个钉子。

第一天，小男孩一共在栅栏上钉了37个钉子。过了一段时间，由于学会了控制自己的愤怒，小男孩每天在栅栏上钉钉子的数目逐渐减少了。他发现控制自己的脾气比往栅栏上钉钉子更容易，小男孩变得不爱发脾气了。

他把自己的转变告诉了父亲。父亲建议说："如果你能坚持一整天不发脾气，就从栅栏上拔掉一个钉子。"经过一段时间，小男孩终于把栅栏上的所有钉子都拔掉了。

父亲拉着他的手来到栅栏边，对小男孩说："儿子，你做得很好。可是，现在你看一看，那些钉子在栅栏上留下了小孔，它们不会消失，栅栏再也不是原来的样子了。当你向别人发脾气之后，你的那些伤人的话就像这些钉子一样，会在别人的心中留下伤痕。你这样就好比用刀子刺向某人的身体，然后再拔出来。无论你说多少次对不起，那伤口都会永远存在。其实，口头对人造成的伤害与伤害人们的肉体没什么两样。"

还有一个故事也颇能说明我们的观点。

有位脾气暴躁的弟子向大师请教："我的脾气一向不好，不知您有没有办法帮我改善？"

大师说："好，现在你就把'脾气'取出来给我看看，我检查一下就能帮你改掉。"

弟子说："我身上没有一个叫'脾气'的东西啊！"

大师说："那你就对我发发脾气吧！"

弟子说："不行啊！现在我发不起来。"

"是啊！"大师微笑说，"你现在没办法生气，可见你暴躁的个性不是天生的，既然不是天生的，哪有改不掉的道理呢？"

如果你觉得情绪失控，怒火上升，试着延缓10秒钟或数到10，之后再以你一贯的方式爆发，因为，最初的10秒钟往往是最关键的，一旦过了，怒火常常可消弭一半以上。

下一次，试着延缓1分钟，之后，不断加长这个时间，1天、10天，甚至1个月才生一次气。一旦我们能延缓发怒，也就学会了控制。自我控制能力是一个人的内在本质。

记住，虽然把气发出来比闷在肚子里好，但根本没有气才是上上策。不把生气视为理所当然，内心就会有动机去消除它。其具体方法如下。

办法一：降低标准法。经常发脾气可能和你对人对事要求过高过分苛刻有关，也可能和你喜欢以自我为中心、心胸狭窄、不善宽容有关。因此，通过认真反省，改变自己的思维方式和处事习惯，降低要求别人的尺度，学会理解和宽容忍让，是改掉坏脾气的根本途径。

办法二：体化转移法。怒气上来时，要克制自己不要对别人发作，同时通过使劲咬牙、握拳、击掌心等动作，使情绪转由动作宣泄出来。

办法三：逃离现场法。发火多由特定的情景引起，因此当怒气上来时，培养自己养成条件反射般立即离开现场的习惯，暂时回避一下，待冷静下来再处理事情。

办法四：精神胜利法。一说到精神胜利法，大家可能自然而然地想到阿Q，并不屑为之。但偶尔精神胜利一下也未尝不可。

相传，某禅师偕弟子外出化缘，途中遇一恶人左右刁难，百般辱骂，禅师不搭理，该人竟穷追数里不肯罢休。禅师面无愠色，和弟子谈笑自如。恶人无奈，只得退后罢休。

事后，弟子不解，问禅师："师父你遭此不公平为何不生气，不反击？"师父答道："若你路遇野狗朝你狂吠，你会放下身段与之对吠吗？弄不好惹它咬了你，难道你也去咬它？"禅师面对挑衅与侮辱的态度难道不是一种大智吗？

学会平息自己的怒气

人生难免遇到不如意的事情。许多人遇到不如意的事时常常会生气：生怨气、生闷气、生闲气、生怒气。殊不知，生气，不但无助于问题的解决，反而会伤害感情，弄僵关系，使本来不如意的事更加不如意，犹如雪上加霜。更严重的是，生气极有害于身心健康，简直是自己"摧残"自己。

德国学者康德说："生气，是拿别人的错误惩罚自己。"古希腊学者伊索说："人需要平和，不要过度地生气，因为从愤怒中常会产生对易怒的人的重大灾祸来。"俄国作家托尔斯泰说："愤怒使别人遭殃，但受害最大的却是自己。"清末文人阎景铭先生写过一首《不气歌》，颇为幽默风趣。

不气歌

他人气我我不气，我本无心他来气。

倘若生气中他计，气出病来无人替。

请来医生将病治，反说气病治非易。

气之危害太可惧，诚恐因气将命废。

我今尝过气中味，不气不气真不气！

美国生理学家爱尔马为研究生气对人健康的影响进行了一个很简单的实验：把一支玻璃试管插在有水的容器里，然后收集人们在不同情绪状态下冷凝的"气水"，结果发现：即使是同一个人，当他心平气和时，所呼出的气变成水后，澄清透明，一无杂色；悲痛时的"气水"有白色沉淀物；悔恨时有淡绿色沉淀物；生气时则有淡紫色沉淀物。爱尔马把人生气时的"气水"注射在大白鼠身上，不料只过了几分钟，大白鼠就死了。

这位专家进而分析：如果一个人生气10分钟，其所耗费的精力，不亚于参加一次3000米的赛跑；人生气时，体内会合成一些有毒性的分泌物。经常生气的人无法保持心理平衡，自然难以健康长寿，活活气死人的现象也并不罕见。

另一位美国心理学家斯通博士，经过实验研究表明：如果一个人遇上高兴的事，其后两天内，他的免疫能力会明显增强；如果一个人遇到了生气的事，其免疫功能则会明显降低。

生气既然不利于建立和谐的人际关系，也极有害于自己的身心健康，那么，我们就应当学会控制自己，尽量做到不生气，万一碰上生气的事，要提高心理承受能力，自己给自己"消气"。要学会息怒，要"提醒"和"警告"自己："万万不可生气""这事不值得生气""生气是自己惩罚自己"，使情绪得到缓冲，心理得到放松。

应把生气消灭在萌芽状态。要认识到容易生气是自己很大的不足和弱点，千万不可认为生气是"正直""坦率"的表现，甚至是值得炫耀的"豪放"。那样就会放纵自己，真有生不完的气，害人害己，遗患无穷。

最后，我们再附上《莫恼歌》两则，请读者朋友熟读默记，定能对平和身心有潜移默化之疗效。

（一）

莫要恼，莫要恼，烦恼之人容易老。

世间万事怎能全，可叹痴人愁不了。

任你富贵与王侯，年年处处理荒草。

放着快活不会享，何苦自己寻烦恼。

（二）

莫要恼，莫要恼，明月阴晴尚难保。

双亲膝下俱承欢，一家大小都和好。

粗布衣，菜饭饱，这个快活哪里讨？

富贵荣华眼前花，何苦自己讨烦恼。

负重者更能忍辱

强者为什么能够忍受常人所不能忍受的侮辱？是因为他们心中有远大的理想——也就是说，他们身负重任。和他们身上的"负重"相比，侮辱算不了什么。也许应该这样说："负重忍辱"——因为"负重"，所以"忍辱"。

在有关忍辱负重的典故中，韩信的"胯下之辱"已足够让人难以承受，但比起勾践的"尝粪问疾"来说，就显得"小巫见大巫"了。

韩信只是从人裆下钻过，而勾践从一个过惯了锦衣玉食的一国之王，成为吴国的阶下囚，为奴三年，受尽凌辱。他为了活下去，为了生存，为了复国、复仇，为吴王当马夫，当"上马石"！他为了进一步麻痹夫差，以为夫差看病为名，竟尝其粪便，这令人想起来就作呕的行为远远超出了人的生理极限，实在令人难以想象！

成语"负荆请罪"的故事传为千古美谈：蔺相如身为宰相，位高权重，而不与廉颇计较，处处礼让，何以如此？为国家社稷也。"将相和"，则全国团结；国无嫌隙，则敌必不敢乘。蔺相如的忍辱，正是身负国家安定之"重"。

　　也并非所有的"负重"者都能"忍辱"。楚汉相争时，项羽吩咐大将曹咎坚守城皋，切勿出战，只要能阻住刘邦15日，便是有功。不想项羽走后，刘邦、张良使了个骂城计，指名辱骂，甚至画了画，污辱曹咎。这一招，惹得曹咎怒从心起，早将项羽的嘱咐忘到九霄云外，立即带领人马，杀出城门。真是"冲冠将军不知计，一怒失却众貔貅"。汉军早已埋伏停当，只等项军出城入瓮。霎时地动山摇，杀得曹咎全军覆没。

　　曹咎身负重任，却因为一时冲动而忘记了"负重"，终于做了一件无比愚蠢的冲动事。

　　因此，我们在头脑发热之时，一定要强迫自己想一想：我的目标是什么？我这样做，是否有利于目标？

第七章
控制自己的意志

你想有所作为吗？那么坚定地走下去吧！后退只会使你意志衰退。

——罗·赫里克

尽管我们用判断力思考问题，但最终解决问题的还是意志，而不是才智。

——沃勒

谁有历经千辛万苦的意志，谁就能达到任何目的。

——米南德

成功需要坚持不懈

古代思想家荀子曾说："不积跬步，无以至千里；不积小流，无以成江海。骐骥一跃，不能十步；驽马十驾，功在不舍。锲而舍之，朽木不折；锲而不舍，金石可镂。"从这段话中，我们可以看出坚持的重要性。不管做什么事情，如果我们缺乏意志，畏惧吃苦，不能坚持到底，那最后往往一无所获。

青年农民达比卖掉自己的全部家产，来到科罗拉多州追寻黄金梦。他围了一块地，用十字镐和铁锹进行挖掘。经过几十天的辛勤工作，达比终于看到了闪闪发光的金矿石。继续开采必须有机器，他只好悄悄地把金矿掩埋好，暗中回家凑钱买机器。

当他费尽千辛万苦弄来了机器，继续进行挖掘时，不久就遇到了一堆普通的石头，达比认为：金矿枯竭了，原来所做的一切将一钱不值。他难以维持每天的开支，更承受不住越来越重的精神压力，只好把机器当废铁卖给了收废品的人，"卷着铺盖"回了家。

收废品的人请来一位矿业工程师对现场进行勘查，得出的结论是：目前遇到的是"假胝"。如果再挖三尺，就可能遇到金矿。

收废品的人按照工程师的指点，在达比的基础上不断地往下挖。正如工程师所言，他遇到了丰富的金矿脉，获得了数百万美元的利润。

达比从报纸上知道了这个消息，气得顿足捶胸，追悔莫及。

在现实生活中，有很多人做事像达比一样虎头蛇尾，他们本来起了一个很好的开头，可因为怕苦惧累，没有足够的意志，奋战到中途便选择了放弃。其实，他们离成功仅有一步之遥，只要能再坚持一下，就能挖掘到梦想中的"金矿"。

德国杰出的音乐家贝多芬说过："涓滴之水终可以磨损大石，不是由于它力量强大，而是由于昼夜不舍的滴坠。"没错，当我们意志坚定，敢于吃苦，长期朝着一个目标持续不懈地奋斗，那成功就是一件必然的事了。

古希腊大哲学家苏格拉底，曾经给他的学生出过一道"坚持"的考题，用来说明他的哲学思想。

考题是这样进行的，一天，他对学生们说："今天咱们只学一件最简单也是最容易的事，即把你的手臂尽量往前甩，再尽量往后甩。"然后自己示范了一遍，"从现在开始，每天甩臂300下，大家能做到吗？"

学生们可能感到这个问题可笑，这么简单的事怎么能做不到呢？都齐刷刷地回答："能！"

过了一个月，苏格拉底问道："每天甩臂300下，哪些同学坚持了？"有90％以上的学生骄傲地举起了手。

两个月后，当他再次提到这个问题时，坚持下来的学生只有80％。

一年后，苏格拉底再次问道："请你们告诉我，最简单的甩臂运动，还有哪些同学坚持每天做？"

这时，只有一个学生举起了手，这个学生叫柏拉图，他后来成了古希腊的另一位大哲学家。

成功在于坚持，坚持是最容易做到的事，只要愿意，每个人都能做到。然而，坚持又是最难做到的事，在这个世界上，极少有人能真正执行长线思维，因为这太考验耐性、意志力和理性精神了。所以，在这么多学生当中，只有柏拉图一直坚持甩臂运动，而我们也有理由相信，他后来的成功跟他的坚持不懈密切相关。

"耐心是一切聪明才智的基础。"这是柏拉图留给后人的一句名言，结合他自身的经历来看，这句话应当是他的经验之谈，更是他的肺腑之言。

成功是一条铺满荆棘的漫长道路，如果我们害怕吃苦，缺乏意志，半途而废，那注定走不到胜利的终点，唯有坚韧不拔，意志刚强，不达目的决不罢休，我们才能笑到最后，笑得更好，成为最终的胜利者。

1809年2月12日，林肯出生在肯塔基州哈丁县一个清贫的鞋匠家庭，小时候，他帮助家里搬柴、提水、做农活等。他的父母是英国移民的后裔，他们以种田和打猎为生。

1816年，林肯全家迁至印第安纳州西南部，以开荒种地为生。由于家境贫穷，林肯受教育程度不高。为了维持家计，少年时的林肯当过俄亥俄河上的摆渡工、种植园的工人、店员和木工。18岁那年，身材高大的林肯被一个船主雇用，与人同乘一条平底驳船顺俄亥俄河而下，航行千里到达奥尔良。

成年后，林肯成为当地的一名土地测绘员，因精通测量和计算，常被人们请去解决地界纠纷。在艰苦的劳作之余，林肯始终是一个热爱读书的青年，他通过自学使自己成为一个博学而充满智慧的人。然而1832年，林肯失业了，这显然使他很伤心，但他下决心要当政治家，当州议员。糟糕的是，他竞选失败了。在一年里遭受两次打击，这对他来说无疑是痛苦的。

接着，林肯着手自己开办企业，可一年不到，这家企业又倒闭了。在以后的17年间，他不得不为偿还企业倒闭时所欠的债务而到处奔波，历尽磨难。

1934年，林肯再一次决定参加竞选州议员，这次他成功了。他当选了伊利诺伊州的议员，他内心萌发了一丝希望，认为自己的生活有了转机："可能我可以成功了！"1835年，他订婚了。但离结婚还差几个月的时候，未婚妻不幸去世。这在精神上对他的打击实在太大了，他心力交瘁，数月卧床不起。

1838年，林肯觉得身体状况良好，于是决定竞选州议会议长，可他失败了。1843年，他又参加竞选美国国会议员，但这次仍然没有成功。林肯虽然一次次地尝试，却是一次次地遭受失败：企业倒闭、情人去世、竞选败北。

一般人可能早已被这无休止的失败击得狼狈不堪，但是林肯是一个聪明人，他具有执着的性格，他没有放弃，他也没有说："要是失败会怎样？"他做的仅仅是不断努力，不懈坚持，1846年，他又一次参加国会议员竞选，终于当选了。

两年任期很快过去了，他决定要争取连任。他认为自己作为国会议员表现是出色的，相信选民会继续选举他。但结果很遗憾，他落选了。

因为这次竞选他赔了一大笔钱，林肯申请当本州的土地官员。但州政府把他的申请退了回来，上面指出："做本州的土地官员要求有卓越的才能和超常的智力，你的申请未能满足这些要求。"

然而，林肯没有服输。1854年，他竞选参议员，但失败了；两年后他竞选美国副总统提名，结果被对手击败；又过了两年，他再一次竞选参议员，还是失败了。林肯尝试了11次，只成功了两次，但他一直没有放弃自己的追求，他一直在做自己生活的主宰者。1860年，他当选为美国总统。

在追求成功的道路上，我们会跟林肯一样遭遇各种挫折和磨难，这无疑是对我们身体和精神的双重考验。可即便如此，我们依旧不能轻易选择放弃，要知道，有一种意志叫坚持到底，只要我们能以比以往更加坚韧的决心去奋斗，最后就能跨越重重阻碍，看到希望的曙光，品尝到胜利的果实。

你要做一个蚌，将石头磨成珍珠

每一个人都有一块石头，质朴而粗糙，没有光泽，缺乏价值，需要我们仔细地打磨，耐心地锤炼，如此才能将它磨成一颗闪闪发光的"珍珠"。

司马迁自幼受其父影响，诵读古文，熟读经书，20岁就周游全国，考察名胜古迹，山川物产，风土人情，访求前人逸事掌故。后又继任太史令，得以博览朝廷藏书，档案典籍。太初元年根据父亲遗志着手编撰一部规模宏大的史书。

正当司马迁努力写作之际，不幸的事情发生了。天汉二年，名将李广之孙李陵率5000士兵出击匈奴，开始捷报频传，满朝文武都向武帝祝贺。但几天以后，李陵被匈奴围困，寡不敌众，在士卒伤亡殆尽的情况下，被匈奴俘虏。

　　前几天称颂李陵的文武大臣反过来怪罪李陵。司马迁替李陵辩护，触怒了汉武帝，被打入天牢。按照西汉的法律，大夫犯罪，可以用钱赎身，但司马迁家里贫穷，一时间拿不出那么多赎金；往日亲近的人，谁也不敢替他说情或帮忙，最后司马迁受到了宫刑。

　　出狱之后，司马迁担任中书令，这种职务历来都是由宦官担任的，对士大夫来说是一种耻辱。司马迁的朋友任安在狱中给他写信，表示对他的行为深感不解。

　　司马迁回信说："我并不怕死，每个人都有一死，或重于泰山，或轻于鸿毛，如果我现在死了，无异于死了一只蝼蚁。我之所以忍辱苟活，是因为撰写史书的夙愿还没有实现啊！从前，周文王被困于羑里才推演出《周易》，孔子被困于陈蔡才作出《春秋》，屈原被放逐于江南才写下《离骚》，左丘明失明之后才完成《左传》，孙膑被削掉膝盖骨才编著《兵法》，吕不韦被贬于蜀地才作出《吕氏春秋》，韩非被拘禁于秦才写出《说难》《孤愤》。

　　"啊！我要效法这些仁人志士，完成我的书啊！到那时，就可以抵偿我的屈辱，即使碎尸万段我也没有什么悔恨啊！"

　　就这样，经过20年的磨砺，司马迁终于完成了名垂千古的《史记》。

　　试想一下，如果司马迁吃不了苦，受不住磨难，一气之下，选择自杀，那他还能完成鸿篇巨制的《史记》吗？那他还能因此流芳百世，为世人所敬仰吗？

　　当然不能。

　　从古至今，凡成大事者，无不吃尽苦头，受尽磨难，他们在磨难中日臻完善自己，不管遇到什么困难与挫折，他们都打碎牙齿和血吞，充分发挥了"只要功夫深，铁杵磨成针"的精神，自始至终都保持着高昂的斗志。

而皇天也不负苦心人，他们如此高标准地要求自己，命运也回赠给他们相应的礼物，让他们不断增强自己的力量，直至获得一颗璀璨夺目的"珍珠"。

一个年轻人到一家杂志社实习，遇到一位以严格要求和博学多才而闻名的老编辑。年轻人每次交稿时，这位老编辑总是一句话："如果你对某一个字的写法没把握，就查字典。"并且规定，年轻人每天得写一篇文章放进老编辑桌上的盒子里。哪天没有，他就敲着桌子说："文章呢？"

就这样，在日积月累的岁月中，年轻人的文章一天一个样，他终于在写作上取得了很大成就，并参与了美国《独立宣言》的起草。

这个年轻人就是美国著名的科学家、民主主义革命者——富兰克林，指点他的那位编辑名叫弗恩。富兰克林一直以一种敬畏和崇拜的心情按照弗恩的严格要求磨砺自己，终于取得了成功。

后来，弗恩去世了，富兰克林在整理弗恩的遗稿时，看到了这样一句话："孩子，其实我不是你心目中的那个人。我并不懂写作，每个单词都得查字典，一篇稿子要看上几十遍。当然为了生活，我给自己树立了一个权威的形象。你让我教你，我尽量去做，其实多数时候是你自己在打磨自己。"

自己打磨自己？富兰克林简直不敢相信，指点自己写作的权威竟然近似于写作盲！自己的写作才能竟然就是自己在一天一篇的积累中打磨出来的！老编辑只不过是对他持之以恒地严格要求而已。富兰克林再读弗恩的其他遗稿时，才相信他的话句句是实情——那些手稿幼稚得令一个真正的作家心碎。

有诗云："不经一番寒彻骨，怎得梅花扑鼻香。"不难发现，这句话就是对富兰克林所经历之事的最佳诠释。活在这个世界上，一个人只有像富兰克林那样不停地打磨自己，他的人生才会锋锐明亮起来，并最终放射出耀眼动人的光芒。

虽说世上并无完人，但这并不能成为我们对自己放松要求的理由，所以，即使身处困境，我们依然要严格要求自己，舍得吃苦，不断追求卓越。只有这样，我们才不会变得碌碌无为，我们才能成为最好的自己。

沙莉·拉斐尔现在是美国一家自办电视台节目主持人，曾经两度获得主持人大奖。每天有800万观众收看她主持的节目。在美国的传媒界，她就是一座金矿，她无论到哪家电视台、电台，都会给单位带来巨额的回报。

然而她在职业生涯中遭遇了18次辞退，她的主持风格曾经被人贬得一钱不值，在第19次爬起来之后她终于成名了。

最早的时候，她想到美国大陆无线电台工作。但是，电台负责人认为她是一个女性，不能吸引听众，理所当然地拒绝了她。

她来到波多黎各，希望自己能有好运气。但是她不懂西班牙语，为了熟练语言，她花了3年时间。然而，在波多黎各的日子里，她最重要的一次采访，是一家通讯社委托她到多米尼加共和国采访暴乱，连差旅费也是自己出的。

在以后的几年里，她不停地工作，不停地被人辞退，有些电台指责她根本不懂什么叫主持。

1981年，她来到纽约的一家电台，但是很快被告知：她跟不上这个时代。这太令人绝望了，她简直痛不欲生，她几乎被彻底摧毁了，为此，她失业了一年多。

有一次，她向一位国家广播公司的员工推销她的清谈节目策略计划，得到肯定。然而不幸的是，那个人后来离开了广播公司。她再向另一位职员推销她的策划，这位职员对此却不感兴趣。她找到第三位职员，请求被雇用。此人虽然说同意了，却不同意她搞清谈节目，而是让她搞一个政治类节目。

她对政治一窍不通，但为了生活，她不想失去这个工作，便开始发愤补习政治知识。

1982年的夏天，她的政治内容节目开播了。她娴熟的主持技巧和平易近人的风格，使得许多听众打进电话来讨论国家政治行动，包括总统大选。这在美国的电台历史上是没有先例的。她几乎是一夜成名，她的节目成为全美最受欢迎的政治节目。

种子不在坚硬的泥土中挣扎一番，它永远只是一粒干瘪的种子，不能发芽长成一棵参天大树。同理，一个人只有在经历自我打磨的阵痛之后，才能让自己的技艺、能力等得到真正的提升。莎莉如此，我们亦要如此。

哲学家爱默生说过："我们的力量来自我们的软弱，直到我们被戳、被刺，甚至被伤害到疼痛的程度时，才会唤醒包藏着神秘力量的愤怒。"毫无疑问，打磨的过程是痛苦的，但打磨过后收获的果实也是沉甸甸的。所以，不要害怕吃苦，所有我们吃过的苦，遭受过的磨难，都将让我们变得如珍珠般闪耀。

熬过黑暗就能看到曙光

荀子曰："骐骥一跃，不能十步，驽马十驾，功在不舍。""水滴石穿，绳锯木断。"成功是坚持的结果，要取得成功就要不断地努力，坚持不懈地进步。那些成功的人，往往经历了多次的失败尝试，他们把失败当作了练兵，每经历一次，成功也就离得更近了一步。

"失败乃成功之母"，成功当然是失败的奖赏，更是对能够坚持者的奖赏。翻翻身边的书本，古往今来，有哪些成功者不是依靠坚持而取得成就的呢？

被鲁迅誉为"史家之绝唱，无韵之离骚"的《史记》的作者，享誉千古的文学大师司马迁，是在什么情况下取得成就的呢？

汉武帝为了一时的不快阉割了这个铮铮铁骨的大丈夫，是多么大的耻辱啊！同时，对身心的伤害也是我们这些人难以想象的，这个人从此只能在暗无天日的小屋中生活，再也不能像从前那样过正常人的生活。但是，信念支撑了这个伟大的人物做出了伟大的事情。历史给了我们见证，只要有了信念，那些不可能克服的困难最终都并不是不可一世的障碍。

生往往比死更不容易，死可以一了百了，可生意味着你必须担当。在别人的白眼中承受着常人无法忍受的困难，发愤图强，实现着自己的梦想，创造了一部伟大的史书。

身体可以被戕害，理想却不能被泯灭。这是每一个成功的人成功的原因之一。历史的尘埃已经散尽，每一个曾经鲜活的面容，也终究会在历史中变成死寂。

相信自己的力量，才是一个人能够在苦难中战胜自己、成就一番事业的动力。

《史记》终于彪炳千秋，那个撰写《史记》的人早已离去，可是，这个人又何曾离开我们呢？

著名作家杰克·伦敦的成功就是建立在坚持之上的。像他笔下的人物"马丁·伊登"一样，始终在坚持。他试图抓住一切时间，坚持把好的字、词、句一句句地摘抄在纸片上，其中，一些插在镜子缝里，另外一些别在晒衣绳上，还有的放在衣袋里，这样可以随时记诵。

他成功了，作品也被翻译成多国文字，在我们的书店中他的作品放在显眼的位置，赫然在目。成功，源自不断地坚持和奋斗。

功到自然成，成功之前难免有失败，然而只要能克服困难，坚持不懈地努力，那么，成功就在眼前。

英国首相温斯顿·丘吉尔曾经说过："绝不放弃，绝不认输。绝不，绝不，绝不。"

坚定的信念自然会产生奇迹般的力量。

在南卡罗来纳州一个学院的礼堂里，有过这么一场演讲："我的生母是一个聋子，没有办法说话，我不知道自己的父亲，也不知道他是否在人间，找到的第一份工作，是到棉花田去做事。"

"如果情况不尽如人意，我们总可以想办法加以改变。"演讲者继续说，"一个人的未来怎么样，不是因为运气，不是因为环境，也不是因为生下来的状况。"

"一个人若想改变眼前充满不幸或无法尽如人意的情况。"演讲者语气坚定地说，"只要回答这个简单的问题：'我希望情况变成什么样？'然后全身心投入，采取行动，朝目标进发即可。"

这个演讲者的脸上绽放出美丽的笑容："我的名字是阿济泰勒·摩尔顿，今天我以美国财政部部长的身份站在这里。"

那些胜利的人往往相信没有什么不可能的事情，认为赢家都坚信没有什么是不可能的，只要你有坚定的信念，只要你去行动。

汤姆和杰克逊是邻居。两个人的家离得不远，坐落在离小村二里远的山坡上。空气清新，景色宜人，每到春夏交替的日子，山花与松叶所散发的清香就会弥漫整个山谷。真是让人感到十分的惬意。

美中不足的是，就在通往他们两家的路上，竟然有一棵胡杨树挡在路中，每次开车路过时，他们都不得不小心翼翼地绕过它。

一天，杰克逊和汤姆商量要把这棵树砍掉，为了尽早解除麻烦，最好明天就动手。

"可是……可是我明天要到明尼苏达去，我有一项非常重要的公务！"汤姆说。

"那么就过几天好了，我想我们会干得很好的！"杰克逊耸了耸肩说。

事情的发展没有像杰克逊预想的那样。每次谈到这件事，他们都有一些意外的事情要去处理，就这样，一年、两年、五年、十年、二十年……当他们须发斑白的时候，两个人再次在树旁相遇了。

"老伙计，我们的确应该把它砍掉了，不然的话，琳达和凯森他们都会在这儿出事儿的。你看，这家伙的体形越来越大了，占据了半条路的空间。"杰克逊望着已经长得粗壮的胡杨树说。

"是啊，这么久了，我们还是没有砍掉它，这回我们该用锯子锯喽！"汤姆边说边蹒跚着向家里走去，他决心用那把小钢锯锯断它。但是，年老体衰的他们，再也拉不动那把小钢锯了。

在现实生活中，为一点点小理由放弃今天工作的事比比皆是。有多少事情都可以做，就是在这样的放弃中丧失了机会。其实，还有可能，一切都有可能，只是这些已经成了过眼云烟。

"我很想辞职，这份工作并不适合我，可是……"

一位性格内向、为人老实的朋友这样告诉迈克，这份工作是如何的让人筋疲力尽。迈克听着听着，忍不住问她："这个工作令你这样痛苦，那你想改变它吗？"

"改变？你这是什么意思啊？"朋友迷惘地问。

"辞了你这份不喜欢的工作，为什么不去做让自己能发挥才能的工作呢。"迈克说。

朋友吞吞吐吐地说："我不知道自己能做什么，而且工作那么难找，我还得养家啊。""问题是你不喜欢这个工作，那何必令自己痛苦，生命是需要自我实现的啊！"迈克说。

"可是我的生活啊，生活本身的确很无奈，不过为了生活每个人都需要做出点牺牲吧！"朋友愁苦地说着。

"我倒认为做能让自己快乐的事才能发挥所长。"迈克告诉朋友他的意见。

朋友狠狠地说："你不同啊！你当然可以这样说，说得这样轻松，有几个人能像你这样幸运，做自己想做的事还能赚钱。我也想啊，可是……"

迈克没有再和这个人说下去。因为，他知道他还会这样抱怨下去。尽管有无数个可能去改变的机会。

其实，迈克并没有像这个穷人说的那样幸运，在能做自己喜欢的工作前，迈克也做了许多他并不喜欢的工作。

努力的过程是很辛苦的，只是，很少有人能够看见别人辛苦的一面。

别人的辛苦他看不见，只会把自己的不努力，怪罪在别人太幸运上，这样的人生活在自我设限的生活中太久，太习惯了。

他所想要的不是改变，只是认同，要别人去认同连他自己也无法认同的事，以此来安慰软弱的自己。

其实，还有无数的可能，只要你坚持，只要你不认输，还有什么可怕的吗？我们赤条条地来到这个世界上，又有什么东西真正地属于自己。知道了这些，你就知道一个人要奋斗是多么重要。

坚定的信念给你勇气与力量

罗杰·罗尔斯是纽约州历史上第一位黑人州长。这个穷小子出生在纽约的大沙头贫民窟。大沙头环境肮脏，暴力充斥，是偷渡者和流浪汉的聚集地。这样的环境，并没有阻挡优秀的人成功。

罗杰·罗尔斯就在这样的环境里，考入了大学，而且成了州长。

一位记者对他提问："是什么把你推向州长宝座的？"

面对300多名记者，罗尔斯谈到了他上小学时的校长皮尔·保罗。

1961年，皮尔·保罗是诺必塔小学的董事兼校长。他发现这儿的穷孩子比"迷惘的一代"还要迷惘，他想办法来引导他们，没有奏效。

他发现孩子们迷信，上课的时候就多了一项内容——给学生看手相。他用这个办法来鼓励学生。

罗尔斯从窗台上跳下，伸着小手走向讲台时，皮尔·保罗说："我一看你修长的小拇指就知道，将来你是纽约州的州长。"

当时罗尔斯很吃惊，长这么大，只有奶奶让他振奋过一次，说他可以成为五吨重的小船的船长。这一次，皮尔·保罗先生竟然认为自己可以成为纽约州的州长，很是意外。从这天起，他就记下了这句话，并且深信不疑。

"纽约州州长"的话语就像一面旗帜，罗尔斯的衣服不再沾满泥土，说话时也不再夹杂污言秽语。他开始挺直腰杆走路，在以后的40多年间，他没有一天不按州长的标准要求自己。

51岁那年，他终于成了州长。在就职演说时，罗尔斯说："信念值多少钱？信念是不值钱的，它有时甚至是一个善意的欺骗，然而你一旦坚持下去，它就会迅速增值。""心"是一个人行动的强大动力，这里要强调的是，你的"我要"必须是发自内心的真实渴望，不是一般的"我想要"，而是"我一定要！"

在信念的支持下，困难都是暂时的。信念不仅能改变一个人的生活方向，还能创造生命的奇迹。

诺曼·卡曾斯写的《病理的解剖》一书中，讲过一个关于20世纪最伟大的大提琴家卡萨尔斯的故事。

在卡萨尔斯90岁大寿前两个人见了面。

卡曾斯说，他实在不愿意看老人过的日子。是那么衰老，严重的关节炎，还得让人协助穿衣服，就连呼吸都费劲，看得出来一定是患有肺气肿；走起路来颤颤巍巍，头不时地往前颠；双手有些肿胀，十根手指就像是鹰爪般地弯曲着，实在是老态龙钟。

然而，吃早餐前，就见他贴近钢琴，吃力地坐上钢琴凳，颤抖地把那弯曲肿胀的手指放到琴键上。这时候，卡萨尔斯好像完全变了个人，神采飞扬，身体开始活动并弹奏起来，就像一位神采飞扬的钢琴家。

卡曾斯描述说："他的手指缓缓地舒展移向琴键，好像迎向阳光的树枝嫩芽，他的背脊直挺挺的，呼吸也似乎顺畅起来。"

弹奏钢琴的念头改变了钢琴师的心理和生理状态。

他弹奏巴哈作品时，纯熟灵巧，丝丝入扣。奏起勃拉姆斯的协奏曲，手指在琴键上像游鱼轻快地滑着。"他整个身子像被音乐融解。"卡曾斯道："不再僵直和佝偻，代之的是柔软和优雅，不再为关节炎所苦。"在他演奏完毕，离座而起时，跟他当初就座弹奏时全然不同，他站得更挺，看来更高，走起路来双脚也不再拖着地。他飞快地走向餐桌，大口地吃着饭，然后走出家门，漫步在海滩的清风中。

如果把信念看成信条，它就真的只能说说罢了。但如你真的相信他，它就会带给你无穷的力量，从最基本的观点来看，信念是一种指导原则和信仰，帮助我们明了人生的意义和方向的。信念人人可取，取之不尽。信念就像早已安置好的滤网，过滤我们看到的世界；信念像大脑的司令官，指挥大脑，照着所相信的去看事情的变化。

卡萨尔斯是那么热爱音乐和艺术，因为，那不仅使他的人生美丽、高贵，而且每天都带给他神奇。

正是靠着信念的支撑，把一个疲惫的老人化为活泼的精灵。更确切地说，是信念，让他活下去。

斯图尔特·米尔说过："一个有信念的人，所发出来的力量，不下于99位心存兴趣的人。"

好好控制信念，它就能发挥力量，开创未来。反过来，则会淹没人生。

相信成功，信念就鼓舞你走向成功。

相信失败，信念就让你经历失败。

两种信念都有很大的力量，我们该拥有哪种信念？

我们的信念是可选择的，你可以选择束缚，也可以选择扶助。选择能引导你成功的信念，丢掉会扯你后腿的信念。

坚定的信念，是一个人能够坚持下去的原因和动力。信念在很大程度上勾勒出了未来发展的前景，支撑着你克服任何的困难。只有相信自己，相信信念的力量，你就能够在艰难的工作中找到自我成长的途径，还原自我的价值。

遇到困难不放弃

世上的路有千万条，条条道路通罗马，有一条是你永远都不能实现既定目标的，那就是放弃的路。

放弃一个理想、放弃一种信念、放弃一个人、放弃一段感情、放弃一个生命都是很容易的，但是，坚持是困难的。

什么样的坚持都不可能是一帆风顺的，总会遇到各种各样的困难。但坚持就有希望，放弃就没有任何希望了。意志坚定是成就大事业的人的特征，在任何情况下都不改初衷，不达目的誓不罢休。

坚定的意志来源于养成，从一点一滴的小事开始。

比如对孩子的教育，引导孩子制订学习计划，大概的目标，以及为了实现目标所需要的策略。

首先，目标要切合实际。其次，孩子通过努力能达到。不至于造成不必要的挫败，也培养了孩子为目标而努力的习惯。

没有人能无风无浪平顺地过一生，逆境绝非人生的绝路。当你爬起来向前跨步之时，是向成功之路迈进。

爱迪生说过："一个人要先经过困难，然后踏进顺境，才觉得受用、舒服。"

有些事情可以拒绝，有些则无能为力，比如成长。自然规律，无法违背、不可逆转：从牙牙学语、懵懂无知到明白人情世故。成长是痛苦的，是要付出代价的。不管怎样变化，你都无法拒绝，就接受吧！

在不可逆转的规律面前，只能去顺应，在顺应与坚持之间找到道路。一个人成长会失去很多东西，激情、青春、单纯等，也会得到另外一些财富，比如成熟、责任、自我约束、担待。这些有着他们独特的价值。成长有一个最大的好处，就是使自己有能力去关心和照顾自己爱的人。

成功的秘诀，在于确认出什么是最重要的，然后去实现它。

桑德斯上校，"肯德基炸鸡"连锁店的创办人，既不是出生在富豪家，念过像哈佛这样著名的高等学府，也不是很年轻时便投身于这门事业，而是在65岁时才开始从事这个事业。

当时他身无分文、孑然一身。他拿到生平第一笔救济金时，只有105美元，内心沮丧。他不怪社会，也未写信去骂国会，只是心平气和地自问这句话："到底我对人们能做出何种贡献呢？我有什么可以回馈的呢？"

最后想到他有一份炸鸡秘方。但是不知道餐馆是否愿意要，也拿不准这样做是否划算。

他又想：要是不仅是卖这份炸鸡秘方，同时还教他们怎样炸好，是什么结果呢？餐馆的生意因此而提升的话，又如何呢？上门的顾客增加，指名要炸鸡，或许餐馆会让他从中抽成也说不定。

然后，他开始挨家挨户地敲门，把想法告诉每家餐馆："我有一份上好的炸鸡秘方，你能采用的话，生意一定能提升，而我只是希望能从增加的营业额里抽成。"

很多人都当面嘲笑他："得了吧，老家伙，如果有这么好的秘方，你还穿着这么可笑的白色服装？"

这些话并没有让桑德斯打退堂鼓。他更加不懈地实行自己的计划。他推销自己的秘方，从不为前一家餐馆的拒绝而懊恼，而且用心修正说辞，以便更有效地说服下一家餐馆。

两年时间里面，他驾着自己破旧的老爷车，走遍了美国的每个角落。困了就和衣睡在后座上，醒来的时候就向人讲述自己的点子。

他给人示范自己炸的鸡肉，自己则匆忙地解决一顿。

桑德斯的点子最终被接受，是在整整1009次被拒绝之后，他才听到了第一声"同意"。

历经1009次的拒绝，整整两年的时间，还会有多少人能够锲而不舍地坚持。这样的人太少了，无怪乎世上只有一位桑德斯上校。

我相信很难会有几个人可以承受得了20次以上的拒绝，更不要说1009次，这才是成功的可贵之处。

审视历史上那些成大功、立大业的人会发现他们都有一个共同的特点：不轻易为"拒绝"而退却，不达成他们的理想、目标、心愿就决不罢休。

坚决不放弃，这才是事业成功的钥匙。坚持了，也许就是一个传奇。

第八章
控制自己的时间

生命是以时间为单位的，浪费别人的时间等于谋财害命；浪费自己的时间，等于慢性自杀。

——鲁迅

必须记住我们学习的时间是有限的。时间有限，不只由于人生短促，更由于人事纷繁。

——斯宾塞

记住吧：只有一个时间是重要的，那就是现在！它所以重要，就是因为它是我们有所作为的时间。

——托尔斯泰

自控从时间控制开始

众所周知，每个人的一天都有无数的事情需要处理，面对这种情况，有的人总能很好地管理自己的时间，提高工作的效率，而有的人则有些不知所措，往往眉毛胡子一把抓，这里做一点点，那里又做一点点，结果手忙脚乱，啥事儿也没干成，又或是光干不要紧的小事，最后把重要的大事给耽搁了。

古人有云："事有先后，用有缓急。"在实际的工作中，我们判断一个人有没有头脑，是不是一名优秀的员工，关键就看他做事能否分清轻重缓急。

有这样一个故事。

一天，一位时间管理专家为一群商学院的学生讲课。他现场做了演示，给学生们留下了一生都难以磨灭的印象。

站在那些高智商高学历的学生前面，他说："我们来做个小测验。"说完，他拿出一个1加仑的广口瓶放在他面前的桌子上。

随后，他取出一堆拳头大小的石块，仔细地一块块放进玻璃瓶。直到石块高出瓶口，再也放不下了，他问道："瓶子满了吗？"所有学生答道："满了！"

时间管理专家反问："真的？"他伸手从桌子下拿出一桶砾石，倒了一些进去，并敲击玻璃瓶壁使砾石填满下面石块的间隙。

"现在瓶子满了吗？"他第二次问道。但这一次学生有些明白了。

"可能还没有。"一位学生应道。

"很好！"专家说。他伸手从桌子下拿出一桶沙子，开始慢慢倒进玻璃瓶。沙子填满了石块和砾石的所有间隙。他又一次问学生："瓶子满了吗？""没满！"学生们大声说。他再一次说："很好！"然后，他拿过一壶水倒进玻璃瓶，直到水面与瓶口齐平，抬头看着学生，问道："这个例子说明什么？"一个心急的学生举手发言："无论你的时间表多么紧凑，如果你确实努力，你可以做更多的事情！""不！"时间管理专家说，"那不是它真正的意思，这个例子告诉我们：如果你不是先放大石块，那你就再也不能把它放进瓶子了。那么，什么是你生命中的大石块呢？与你爱的人共度时光，你的信仰、教育、梦想……记住，先去处理这些大石块，否则，一辈子你都不能做！"其实，时间对于每个人都是公平的，但由于不同的人对时间的使用和管理不同，最终产生的效果也就有所不同。为此，畅销书作家理查德·科克曾提出了一个著名的"8020定律"，即20%的事情决定80%的成就。由此可见，对于我们每一位职场人士来说，学会管理时间，分清事情的轻重缓急就显得尤为重要了。也就是说，我们唯有用80%的时间去做好那20%最重要、最紧急的事情，然后再用剩下的20%的时间去做那80%不太重要、不太紧急的事情，这样我们的执行效率才能得到飞速的提升，我们才能做出一番骄人的成就。美国史卡鲁钢铁公司的总裁查鲁斯，原来也是一个不会舍弃、只知道追求面面俱到的人，许多事情常常半途而废。他感到非常烦恼，便向效率研究专家艾伊贝·李请教解决此问题的办法。

艾伊贝·李给他的建议是这样的：

不要想把所有事情都做完。

手边的事情并不一定是最重要的事情。

每天晚上写出你明天必须做的事情，按照事情的重要性排列。

第二天先做最重要的事情，不必去顾及其他事情。第一件事做完后，再做第二件，依次类推。

到了晚上，如果你列出的事情没有做完也没关系，因为你已经把最重要的事情都做完了，剩下的事情明天再做。

最后，艾伊贝·李说："每天重复这么做，如果感觉效果超出你的想象，就可以指导手下照着做。在做到你认为满意时，只要付给我一张你认为相等价值的支票即可。"

查鲁斯试了一段时间后，感觉效果非常惊人。于是，他要求下属也跟着做。结果，艾伊贝·李得到了一张价值2.5万美元的支票。

通过这个故事，我们不难得出一个结论：一个人如果懂得管理时间，总是优先处理最重要、最紧急的事情，那他做起事来不但有条不紊、不慌不乱，而且还能够节约时间，提高自己的执行效率，当然最后完成的效果也是不同凡响的。

歌德曾经说过："善于掌握时间的人，才是真正伟大的人。"此话不假。放眼周围，做事分清轻重缓急不仅是聪明人的做法，也是成功人士的必然选择。

只有凡事分清主次，我们才能把有限的时间用在最重要、最紧急的事情上，才能用最少的时间和精力求得更大的回报；反之，如果我们做事总是轻重不分，轻重颠倒，把暂时不重要、不紧急的事情放到了最重要的位置，而把最重要、最紧急的事情放到了最次要的位置，那只会让自己沦为时间的奴隶，大大地降低自己的工作效率，久而久之，必然会导致我们在工作上的失败。

一个工人一走进丛林，就开始清除矮灌木，当他费尽千辛万苦，好不容易清除完这一片灌木林，直起腰来，准备享受一下完成了一项艰苦工作后的乐趣时，却猛然发现，不是这块丛林，旁边还有一片丛林，那才是需要他去清除的丛林！

有多少人在工作中，就如同故事中这个砍伐矮灌木的工人，常常只是埋头砍伐矮灌木，甚至都没有意识到自己要砍的并非那片丛林。

毫无疑问，这就是不会管理时间所带来的糟糕后果！

法国作家拉布吕耶尔说过："最不好好利用时间的人，最会抱怨它的短暂。"可见，身为员工，如果我们总抱怨时间太少，没办法处理完手头上的事情，那说明我们缺乏管理时间的能力，所以才导致自身执行效率的低下。

要知道，真正的高效率员工从来不会感觉到时间的紧迫，因为他可以很好地计划、管理、分配自己的时间，把时间牢牢地掌握在自己的手掌之中。所以，我们要想提高自己的执行力，收获成功，就要学会管理自己的时间，分清事情的轻重缓急，永远优先处理最重要、最紧急的事情。

自控让你避免拖延

日本净土宗的创始人亲鸾上人自小父母双亡。九岁时，他就已立下出家的决心，于是跑去找慈镇禅师为他剃度，慈镇禅师就问他："你还这么小，为什么要出家呢？"

小亲鸾答道："我虽年仅九岁，父母却都不在了，我因为不知道为什么人一定要死亡，为什么我一定要和父母分离，所以，为了探索这个道理，我一定要出家。"

慈镇禅师非常嘉许他的志愿，说道："好！我明白了。我愿意收你为徒，不过，今天太晚了，待明日一早，我再为你剃度吧！"

小亲鸾听后，非常不以为然地答道："师父，虽然你说明天一早为我剃度，但我终是年幼无知，不能保证自己出家的决心是否可以持续到明天。而且，师父，您都那么老了，您也不能保证您是否明早起床时还活着啊！"

慈镇禅师听了这话以后，拍手叫好，并满心欢喜地说道："说得好啊！你说的话完全没错，现在我马上就为你剃度！"

在职场上，如果每一个人都有亲鸾上人这样的行动力，做任何事情都不拖延，那迟早会取得事业上的成功。

但现实是，很多人都做不到这一点，在上班期间，他们放着手头上的工作不做，总是忙着刷朋友圈、微博，或是干别的事情，等到快下班了，老板交代的任务还没完成，无奈之下只好偷工减料，随便应付下老板。

但老板岂是那么好应付的？在老板看来，员工没有完成工作跟员工完成的工作质量很差，两者之间并没有多大区别，其性质同等恶劣。总之，做事拖延的习惯是非常不好的，它不仅会让我们做不好工作，还严重影响我们的职场前途。

程晖是一家企业的技术员，主要负责图纸的设计工作。他头脑聪明，反应敏捷，可就是做事有点拖拉。为此，老板没少说他，可他倒好，非但不觉得这是一个毛病，反而觉得把事情拖一拖没什么不好。

为什么他会有这种想法呢？原来，有一次他把工作拖到快到截止时间了，由于时间紧迫，他的注意力非常集中，工作效率也出奇地高，到最后，他竟然在规定时间内完成了工作，所以，这让他产生一种"错觉"，觉得做事拖延大有好处。

但他没有想过，那次过关其实只是侥幸，如果途中发生任何变故，很有可能他的工作就没法按时完成了。后来，老板又交给他一个图纸设计任务，让他三天内交图纸。本来他在两天内就可以轻松地完成这个任务，但信奉"拖拉哲学"的他，在头两天压根儿就没碰工作，时间全花在玩乐、聊天、闲逛上。

等到第三天，他正准备集中精力，将工作速战速决时，公司停电了，所有的设计数据都在电脑里，就这样，没法按时交差的他被老板狠狠地骂了一顿。

老板疾言厉色地对他说："小程，你这人啥都好，就是做事太拖延了，原本我还想给你升职加薪，可你看看你办的这叫什么事儿！你明天不用来上班了！"

成功永远都是需要行动来实现的，唯有立即行动，用行动粉碎拖延症，我们才能把工作做好，从而离成功越来越近，才能真正掌控自己的人生。

有这样两位青年，大龙与小赵，他们同时进了一家集团公司，分在不同的部门工作。这是一家特别重视员工工作效率的公司，公司的董事长总是在各种场合强调"利用有效的时间，发挥最大的效率"。

然而一年后，进行工作总结时，两人却受到了不同的待遇。小赵因为工作效率高受到了高度表扬和奖励，大龙却因为对待工作拖延，受到了严厉的批评。

其实，刚进公司时，大龙给大家留下的印象更好一些。因为他工作上手更快，每次有新的工作下来，他一教就懂，而且立马能举一反三，思维很敏捷。但为什么到头来大龙却做得不如小赵好？

人事部的领导对两位员工进行了研究分析后发现：一年来，两人的工作能力都不错，公司的业务熟悉得快，也都很努力。两人唯一的区别是：小赵比较有时间观念，工作效率高。大龙比较懒散，工作总是拖延，缺乏自控能力。

有一次，老板需要一份当月的业绩报表，要求小赵和大龙抓紧时间，争取在第二天能拿给他。小赵和大龙马上就开始工作起来，快到下班时间了，报表还差一部分数据没有弄完。大龙觉得下班时间到了，明天再做吧，反正还有时间。但是，小赵觉得，这份报表只差一小部分了，今天应该把它完成，明天还有明天的工作呢。于是，大龙下班了，小赵留下来继续工作。

没想到的是，晚上老板打电话过来，说现在就急需这份业绩报表。而小赵呢，刚好将这份报表完成了，立即给老板送了过去。

后来，人事部的领导主动和大龙谈了一回，说："大龙，要重新调整自己的工作态度，把有效的时间利用起来提高工作效率，改掉拖延的毛病，别让这些毛病毁了你的职场生涯啊！"

俗话说："今日事，今日毕。"故事中的小赵无疑深谙这句话的道理，所以，他在工作上从不拖延，总是以超强的执行力去做事。而跟他相比，大龙就逊色很多了。不难想象，如果大龙再不正视拖延这个问题，那他最后的结局就会如人事部领导所说的那样，亲手葬送自己的职场生涯。

人之所以拖延，就是因为缺乏自控力。因为相对于工作，玩游戏、刷微博来得更轻松，而缺乏自控力的人，就会选择去做更为轻松的事情，在游戏玩乐上消耗了时间，也耽误了工作。

要想做到按时完成工作，不拖延，最重要的就是提高自控力，管住自己，不为声色犬马所诱惑。只有这样才能安心工作，取得更好的业绩，实现事业的飞黄腾达。

人生苦短，你要马不停蹄

汪曾祺在《人间草木》中讲过这样一句话："我念的经，只有四个字：'人生苦短。'因为这苦和短，我马不停蹄，一意孤行。"

自从婴儿呱呱落地的那一刻起，时间便成了生命曲线的横坐标，生命之舟的长流水。人们在时间中成长，在时间中创造，在时间中谱写自己的生命之歌。

珍惜时间就是珍惜生命，不要等到时日不多，才意识到生命的可贵。

几年前在多伦多的时候，有一次生病去医院，在拥挤的候诊室里，一位老先生突然站起来走向值班护士。"小姐，"他彬彬有礼地说，"我预约的时间是三点，而现在已经是四点，我不能再等下去了，请给我重新预约，我改天再来！"

旁边两个妇女议论道："他看起来至少有80岁了，现在还能有什么要紧的事？"

那位老人转向她们说："我今年88岁了，这就是我不能浪费一分一秒的原因！"

一句话，时间与生命是息息相关的。

人们常说生命最宝贵，但是仔细分析一下就会发现，人最宝贵的其实是时间。因为生命是由一秒钟、一分钟、一小时的时间累积起来的，时间就是宝贵的生命。

时间的宝贵，就在于它公平地分配给每个人，但又因对待它的态度不同而产生不同的价值。

时间就像是冥冥中操纵一切的神灵，它绝不会辜负珍惜它的人。珍惜时间的人可以获得丰厚的回报，而浪费时间的人只会虚度一生，无所作为。

有人曾这样设想：我愿意站在路边，像乞丐一样，向每一位路人乞讨他们不用的时间。愿望是美好的，如果真能乞讨到时间，相信所有人都会甘做这样的"乞丐"。

然而，懒惰的人把许多宝贵的时间都浪费掉了，每日得过且过，虚度着自己的年华。只有勤奋的人、做事讲求效率的人、懂得科学支配时间的人，才可以用有限的时间成就无限辉煌的事业。时间是乞讨不来的，时间只会提醒你切莫在生活的沙滩上搁浅，激励你不断开拓前进。

对于酷爱时间的人，时间给予热情的报答；对于奋力赶超时间的人，时间将无私地帮助他超越岁月。

可是，对于轻视时间的人，时间会嗤之以鼻，把他抛至脑后；对于挥霍时间的人，时间则一笑而过，使他一无所得；对于遗弃时间的人，时间将愤然离去，使他追悔莫及；而对于戏弄时间的人，时间就毫不留情，给予他苦果一枚。

只有那些具有深刻时间观念的人，才可能成为运筹时间的高手。有时间观念的人，会因为无聊地过了一小时而后悔不迭，会想方设法地去寻找运筹时间的方法。

古今中外，凡是有成就的人物都具有时间观念。

美国首任总统华盛顿，享誉盛名。他的许多部下都领教过他严守时间的作风。每当他约定好时间的事情，必定会按时做到，一秒都不差。

有一次，他的一位秘书迟到了两分钟，看到华盛顿满脸怒容的样子，他赶紧解释说，他的手表不准。

华盛顿正色道："或者是你换一只手表，或者是我换一个秘书！"

华盛顿对时间的重视，使得这位秘书从此不再迟到一分一秒。

华盛顿所具有的这种守时观念，事实上正是每个现代人都应当具备的。

善于利用时间的人总是分秒必争，惜时如金，奋斗不息，从而使有限的生命变得更加充实。

法国哲学家狄德罗有这样的体会：工作的好处之一是缩短我们的日子，延长我们的生命。

而有些拖沓磨蹭习惯的人总是让不可多得的良辰在无休止的梦境中消磨，在浑浑噩噩中荒废，得到的只是空虚的精神和衰老的肌体，这无疑是缩短了自己的寿命。

可以断言，总是随意浪费自己时间的人，他几十年的生命绝不会有什么意义。

时间的宝贵，在于它的不可把握，它既不能被创造，也不能被储存。世界上有许多珍稀古玩的收藏者，却没有时间的收藏家。

人的生命是有限的。以现在人均寿命计算，人一生将占有五十多万个小时，除去睡眠时间也有三十多万个小时。

人的一生是消耗时间的过程，但因每个人利用时间的方式不同，所得的成果也有着天壤之别。

你用了太多时间刷抖音，就不可能有时间读很多的书。

你用了太多时间游山玩水，就不可能有时间处理大量的工作。

你用了太多时间跟一个个红颜知己从诗词歌赋谈到人生哲学，就不可能有时间认真交一个女朋友。

亦舒有句话说得非常好：一个人的时间用在哪里是看得见的。

人生苦短，你必须抓紧每分每秒，去努力，去奋斗，去实现梦想，去创造未来。只要马不停蹄地向前狂奔，更美好的风景总会不断展现在你面前，更美好的人生总会出现在道路尽头。

时间宝贵，你必须风雨兼程

小慧是亲戚家的孩子，今年6月份参加了高考。

小慧不太聪明，但一直学习很努力，平时成绩中上，不出意外地考上了一个二本院校，6分之差与第一志愿失之交臂。

虽然只是二本，但家人依然很高兴，毕竟孩子考上了大学；但也没有特别高兴，因为平时成绩也不差，考上大学是意料之中的事情。

然而小慧的失落却是显而易见的。

收到录取通知书后我请她吃饭作为庆祝，席间她跟我讲了情绪低落的原因。

　　原来，高考数学试卷上的一道15分的解答题，她在考试前一天从一本习题册上看到了同类题型，但是想着马上就考试了，应该放松一下好好休息，而且觉得考试未必就会出这道题，于是合上书本出去散步了。

　　结果，考场上正是这道题难住了她。

　　如果当时她花上20分钟看一下这道题，或许就能考上自己心仪的学校，也不必像如今这样承受巨大的失落与自责。

　　更有可能的是，她会有更远大的前途，走上一条完全不同的、更美好的人生之路。

　　痛苦不是因为失败，而是因为你本可以。

　　据美国有线新闻网报道，英国一位教授曾推导出一个公式，首次计算出一分钟的价值。

　　解决这一难题的是英国沃里克大学的经济学教授伊恩·沃克，他的计算结果是：平均下来，一分钟对于英国男人来说值10便士（15美分），对于英国女人来说值8便士（12美分）。

　　沃克教授推导的公式为：$V=W[（100—1）/100]C$，其中，V是每小时的价值，W是每小时的工资，C代表当地生活的开销。

　　根据沃克教授的理论，时间宝贵极了，甚至你刷3分钟牙便会令你失去30便士；如果自己动手洗一次车，除了水和去污剂要花钱外，还有3个英镑的时间损失费呢！

　　可见，这个公式不仅解答了"时间到底值多少钱"的问题，而且还对我们的生活具有很大的指导意义。比如，时间管理者可以借助这个公式来计算自己加班到底划不划算，打车省钱还是乘公共汽车省钱，等等。

一个人的时间价值往往不是平均分布的，因为事情有轻重缓急之分，往往关键时刻的一分钟具有非常大的价值。

林恩是瑞士一家酒店的房务接待，一个阴雨连绵的早晨，一切都显得格外的沉寂，电话也比往日少了许多。林恩把前一天的几份订单存底重新装订入册，然后又回复了两份传真。两件事总共用了林恩不到10分钟时间。

最后林恩坐下，心想可不可以利用这个时间下去吃份早餐。早晨上班时她走得匆忙，只在手提袋里装了两枚柳橙。她犹豫了几分钟，最终还是起身离开了接待室。

20分钟后，林恩返回，一切如常，电话安静地躺在那里。林恩不知道一桩70万美元的生意就在她离开的20分钟里丢失了。

在电话铃响两次无人接听后，这桩生意旁落他人之手。

两个月后，美国一家国际公司为期15天的销售年会在瑞士的另一家酒店召开。那家酒店无论从设施还是服务上都不如林恩所在的酒店。但那历时半个月的、规模盛大的销售年会以及来自世界各地的客人却使那家酒店一时间变得炙手可热，并通过世界各地客人的口耳相传而知名度大增。

客人依据什么选择了那家酒店？在做出决定之前有没有进行过选择？他们进行了怎样的选择？

林恩所在酒店的老板始终想不明白其中缘由，事后经过多方了解才知道，那家美国国际公司在瑞士的三家酒店中遴选，林恩所在的酒店因两次电话铃响均无人接听而在第一轮筛选中被淘汰出局。

仅仅因为林恩用了这20分钟工作时间吃早餐。

此后，因为有了第一次的愉快合作，那家美国国际公司的年会一连在那家酒店开了4次，总费用高达280万美元。此外，那家酒店获得的还有知名度的提升。

善于利用时间，把时间的价值尽量提升到最大值，是每一个成功者的愿望，也是其成功的条件。

最终成功的人，都是十分珍惜时间，善于利用时间，在每一分每一秒中都进行"充分劳动"的人。

成功的人尽力去实现时间的价值，尚未成功的人会不断地感叹时间的价值，还有一些人不明白时间的价值，因此人与人就有了千差万别。

而你现在浪费的每一分钟，都有可能在未来变成打在你脸上的响亮耳光，让你追悔莫及、无力回天。

你有你要赶去的远方，必须披星戴月风雨兼程。将寸寸光阴都铺成脚下的路，你才能到达梦想的地方，活成你想要的模样。

要有效利用你的碎片时间

所谓碎片时间，是指不连续的时间，或一个事务与另一个事务衔接时的空余时间，这样的时间往往被人们毫不在乎地忽略过去。

在我们的生活中，这样的碎片时间是非常多的。两节课中间的休息时间、上下班途中在公交车与地铁上的时间、午餐前后的时间、晚上睡觉前的时间……

虽然碎片时间很多，但是并不适宜做很多事情，因为那样不利于系统有效地安排与管理。我的经验是，在一段时期内，只利用碎片时间做一件事情。因为这样可以集中精力，不用在每一段碎片时间开始时去考虑应该做点什么。

你可以把一本书带在身上，有空余时间就读一点，利用碎片时间一个星期就能读完一本书。

你也可以下载需要学习的音频课程在手机里，走路的时候、坐车的时候、做家务的时候，都可以戴着耳机听，不知不觉，一套课程也就听完了。

养成这样的习惯，日积月累，收益将是非常大的。而且并不会觉得很辛苦，因为你休息的时间并没有减少。

我从年初开始准备一项考试，但是平时工作很忙，没有大段的时间可以用来看书复习。于是我把书带在身上，每天看一章，两个星期复习完一本书。然后每天带一套模拟试卷，又用了两个星期做完了这个科目的所有习题。第二个月换下一个科目。就这样，用了不到半年的时间，我复习完需要考的所有科目，顺利通过了考试。

那几个月，我如常工作休息，并没有花费大段的时间与太多的精力去备考。

美国著名管理学大师史蒂芬·柯维指出，碎片时间虽短，但倘若一日、一月、一年地不断积累起来，其总和将是相当可观的。凡是在事业上有所成就的人，几乎都是能有效地利用碎片时间的人。

伟大的生物学家达尔文也曾说："我从来不认为半小时是微不足道的一段时间。"

诺贝尔奖获得者雷曼的体会更加具体，他说："每天不浪费或不虚度或不抛弃剩余的那一点时间。即使只有五六分钟，如果利用起来，也一样可以有很大的成就。"有效利用碎片时间是非常重要的。每一天的碎片时间都很多，如果不好好规划利用，就会白白浪费掉。每天浪费一点时间，日积月累，也将是十分庞大的数字。倘若用这些碎片时间做些有益的事情，就会在不知不觉间收获意外惊喜。有很多人不屑于利用碎片时间，在他们看来，那些争分夺秒读书工作的人更像是在作秀，因为他们认为那几分钟、十几分钟的时间是做不了什么事情的。他们在这些碎片时间中，美滋滋地拿着分期付款买的iPhone X，刷刷微博，看看朋友圈，刷刷抖音，点几个赞，再评论几条，于是半小时、一小时的时间就这样过去了。如果是用晚上睡觉前的时间做这些事就更可怕了，因为他们会一直刷下去，刷下去，刷下去……不知不觉，天亮了。一天两天不觉得怎样，一个月两个月呢？一年两年呢？十年八年呢？

　　你会逐渐发现，认真利用碎片时间的人，读了很多的书，学习了很多的知识，学历提升了，能力增强了，职位提升了，薪水增加了，走上人生巅峰了。而将碎片时间都用来玩手机的人呢？十年以后，依然拿着iPhone X刷微博、刷朋友圈、刷抖音。是的，十年以后，依然拿着iPhone X。因为他们的能力水平没有提升，依然赚着与初入职场时相差无几的工资；人到中年，还要养家糊口，哪儿来的钱买新手机？

　　所以，你认为那分分秒秒的碎片时间重要吗？

　　对于每个成功的人来说，时间管理都是十分重要的一环。

　　时间是最宝贵的财富，每一分每一秒逝去就永不再来。所以，你准备如何利用自己的时间呢？

　　瓦尔达特曾经是美国近代诗人、小说家爱斯金的钢琴教师。有一天，他给爱斯金上课的时候，忽然问道："你每天要花多少时间练习钢琴？"

　　爱斯金说："每天三四小时。"

"你每次练习，时间都很长吗？是不是有个把钟头的时间？"

"我想这样才好。"

"不，不要这样！"瓦尔达特说，"你长大以后，每天不会有很长的空闲时间。你可以养成这样的习惯，一有空闲时间就坐下来练琴，哪怕只是几分钟。比如：在你早晨上学之前，或者在午饭以后，或者在工作的休息间隙，5分钟、5分钟地去练习。把小的练习时间分散在一天里面，这样坚持下去，弹钢琴就会变成你日常生活的一部分。"

14岁的爱斯金对瓦尔达特的忠告未加注意，但后来回想起来真是至理名言。

当爱斯金在大学教书的时候，他想兼职从事创作。可是，上课、看孩子、开会等事情把他白天和晚上的时间全部占满了。差不多有两三个年头，他一个字都不曾写过，他的理由是"没有时间"。

后来，他突然想起了瓦尔达特告诉他的话。到了下一个星期，他就按瓦尔达特的话实践起来。只要有5分钟左右的空闲时间，他就坐下来写作，哪怕每次只写100个字或是短短的几行。

出乎意料的是，在那个周末，爱斯金竟然写出了相当多的稿子。

后来，他同样利用每天的碎片时间创作了长篇小说。同时，他还练习钢琴。他发现，每天零零碎碎的空余时间，足够他从事写作与弹琴两项工作。

时间是我们每个人一生中最重要同时也最有限的资源。这不禁让我想到了19世纪初美国西部的淘金者，他们将泥沙中的点点碎金屑小心翼翼地淘洗出来，汇集在一起，凝结成价值连城的金块与金条。

我们生活中的碎片时间，不也正是这点点金屑吗？看似微不足道，累积起来却是巨大的财富。

每个人每天的时间都是一样多的，一样要学习、工作、吃饭、睡觉，之所以有人年少有为，有的人一事无成，就在于他们利用碎片时间的方式不同。

你怎样利用碎片时间，就会收获怎样的结果。正如那句网络流行语："你怎样过一天，你就怎样过一生。"同样，你怎样利用你的碎片时间，就会成就怎样的人生。

你必须从现在开始，认真对待你的碎片时间，不虚度一分一秒，去读书，去工作，去增长见闻，去强健体魄，成就一个更好的自己。

第九章
控制自己的焦躁

气忌盛，新忌满，才忌露。

———吕坤

尺有所短；寸有所长。物有所不足；智有所不明。

———屈原

傲不可长，欲不可纵，乐不可极，志不可满。

———魏徵

踏实做事，也是自控的表现

如果给你一张报纸，然后重复这样的动作——对折，当你把这张报纸对折了51次的时候，你猜所达到的厚度有多少？一台冰箱那么厚或者两层楼那么厚，这大概是你所能想到的最大值了吧？事实上，通过计算机的演算、模拟，这个厚度接近于地球到太阳之间的距离。

很多人不禁会想，就这样一个简简单单的动作，怎么会让看似毫无分别的重复创造出如此惊人的结果呢？毫无疑问，报纸对折后的厚度是与我们每一次的加力分不开的，换句话说，任何一次偷懒都会降低报纸的厚度，所以对折动作虽然简单，我们却仍然要一丝不苟地"踏实"。

一位年轻人在河边钓鱼，坐在他旁边的是一位白发苍苍的老人，和年轻人一样，老人也在守望着一根长长的钓竿。

时间一分一秒地过去了，年轻人的鱼饵始终"无鱼问津"，这让他感到十分焦躁。看了看身边安之若素的老人，年轻人简直是目瞪口呆，为什么这位老人家运气那么好，时不时地就能钓到一条条银光闪闪的大鱼呢？

他终于按捺不住内心的好奇，迷惑不解又略带嫉妒地问道："我们在同一条河里钓鱼，您也没有用什么特别的鱼饵，为什么我连一条小鱼儿都钓不到，鱼儿却乐此不疲，纷纷咬上您的鱼钩呢？"

老人听了，微微一笑，一边悠然地捋着白胡子，一边说道："我钓鱼时，只是安静地守候在一边，河里的鱼儿根本就感觉不到我的存在，所以，它们才会毫无后顾之忧地咬我的鱼饵；而你钓鱼时，喜欢时不时地动动鱼竿，唉声叹气，如此心浮气躁的言行举止，只会把前来觅食的鱼儿吓走，这样你当然就钓不到鱼了。"

故事中老人的一番话着实充满了为人处世的哲理，职场成功之道和老人钓鱼之道可以说是异曲同工。正所谓"欲速则不达"，很多时候，我们之所以失意于职场，完全是因为自己太过于急功近利，不够脚踏实地。要知道，沉得住气，才能发得了力，我们一旦被功利之心蒙蔽了双眼，心浮气躁迟早会让我们变得目光短浅，在一些蝇头小利面前，失去起码的理性和判断能力。

虽然人们常说，不想当将军的士兵不是好士兵，有梦想固然是一件好事，正如故事中的年轻人想要成功钓上一条大鱼一样，但是我们绝对不能因为想要早日实现自己的梦想，就盲目地干出"揠苗助长"式的愚蠢之事。

如今的职场，很多人都把"变化""创新"等挂在嘴边，唯独忘了"踏实"二字。所谓踏实的，并不等同于原地踏步、停滞不前，它需要我们在工作中树立一个目标，然后带着韧劲不断前进，哪怕每一次所走的路程短之又短。

而这也是主动执行岗位责任的一种表现。

众所周知，心急总是吃不了热豆腐，职场上加薪又升职的美梦也并非一朝一夕就能实现的。既然一口吃不成大胖子，我们何不将功利之心暂且搁置一边，然后沉下心来，认真负责地对待工作，踏踏实实地走好每一步呢？

邹清是一家公司的业务员，在职场打拼了两三年的他，按理说应该变得更加沉稳踏实一点，但他工作起来还是不改初入职场的那份急于求成之心。

一个月前，公司领导决定对他委以重任，派他做业务代表，去和一个大客户洽谈一桩生意。刚开始，双方还交谈甚欢，等到快要签合同的时候，邹清的言行举止就有点浮躁失控了。

客户一再表示自己要回去考虑考虑，可邹清却觉得现在是签合同的最佳时机，于是死死地拉住客户，不让他离开。面对邹清的死缠烂打，客户显得非常不悦，情绪一下子来了个180°大转弯，最终气愤地拂袖而去。

没想到邹清还是死不悔改，他一厢情愿地认为，只要能顺利地和这位大客户签下合同，公司老板就一定会对他重重有赏，加薪升职自然不在话下。

于是，他开始对客户进行疯狂的"夺命连环call"，催逼着客户和他签合同。头几个电话，客户碍于脸面，还是对他以礼相待，可随着电话次数的增多，客户实在忍无可忍，一怒之下就把他拉进了黑名单。

这件事让老板对邹清的印象跌至谷底，从此将他打进"冷宫"，有什么重要的任务，都不愿意交给他去做。

踏实不仅是一种严谨负责的工作态度，还是一种科学高效的工作方法。以这样的态度和方法做保障，我们的想法才能找到现实的土壤，结出丰硕的果实；我们的行为才能够避免浅尝辄止、忽冷忽热，防止出现做而不深、做而不细、做而不实的问题。不难发现，如果邹清在工作上能沉住气，少一点急功近利，更为踏实一点，那最后肯定能换回一个皆大欢喜的结局。

脚踏实地的人，能够控制自己心中的激情，避免设定高不可攀、不切实际的目标，也不会凭借侥幸去瞎碰，而是认认真真地走好每一步，踏踏实实地用好每一分钟，甘于从基础工作做起，在平凡中孕育和成就梦想。

其实，许多看似突如其来的成功，都来自一些前进量微小而又不间断的"脚踏实地"。所以，为了收获成功，我们要抛弃所有不切实际的想法和行为，尽自己最大的努力远离好高骛远、心浮气躁和急功近利。要知道，一个能够在工作中踏踏实实做事的员工，往往才是执行岗位责任最到位的人。

摁住自己躁动的心

人在职场，难免会有不如意的时候，这种不如意的情况会让人意志消沉，也会让人的内心出现变化，很多人自然而然就会动起一个念头——跳槽。

通过跳槽，有人发挥了所长，事业更上了一层楼；有人跳了之后，发现和原来一样，甚至还不如以前；也有人一步踏空，跌失了自己。

众所周知，任何职业都需要一定量的积淀才能有一个质的飞跃，如果没有几年时间的积累，我们是很难对一份工作有深入的理解和把握的。

所以，在职场上，仅仅因为工作中有些不如意就频繁跳槽的行为是十分不可取的，我们只有多一点耐性，安心立足本职岗位，踏实做好自己的工作，才能一步一步接近成功，最后取得辉煌的成就。

官飞大学毕业之后先后做过好几种工作，让他感到郁闷的是，每份工作的薪水都不是很高，工作强度还特别大，所以，他慢慢变得很浮躁，总是不能安心做事，老想着跳槽换一个既轻松待遇又好的工作。

就这样，在短短的半年时间里，他总共换了三四份工作，而这一次，他在一家电脑公司做了库管。与其说是库房管理员，还不如说是搬运工，每天都要不停地搬卸货物，清点库房。

没做多久，官飞又累得实在是坚持不下去了。主管看他要辞职，就对他说："小官，我看你是个聪明能干的人，你在这儿做不下去，不是因为你的能力不够，而是你不明白一个道理。""主管，究竟是什么道理呀？"官飞虚心地求教道。

主管说："职场的每个人就好比是站在金字塔里，按照能力由低到高的顺序，分别站在由低到高的不同层里。在最底层的是人力、第二层是人手、第三层是人才，在塔尖的是人物。在工作中卖力气就是人力；熟悉掌握工作、能应付突发事件是人手；在工作中提出创造性方案的是人才；能管理公司的是人物；你看看你在职场第几层？每个公司都是一座金字塔，你如果只是不停地在各个金字塔之间穿梭，而不去提高自己的本领，那你永远都只能在最下面的一层。"

听了主管的话，官飞若有所悟，他放弃了辞职的念头，继续回到了自己的工作岗位，踏实、认真、用心地工作着。跟以前相比，他整个人焕然一新，每天搬卸完货物之后，他会走进库房里清点产品，并且把出货的型号、数量都牢牢记在心里。因为对库房的产品非常熟悉，所以节省了客户取货时间，客户对官飞的办事效率赞不绝口。

因为工作出色，公司让官飞专门负责管理公司产品的保管和运输。官飞比以前更加努力地工作了。官飞发现，因为公司卖出电脑后都有后期的上门保修，但经常因为人力不足而让保修人员应接不暇。官飞看到后，就开始利用工作之余学习电脑修理知识。

很快，官飞能利用休息时间帮着保修部门的同事修理电脑。时间一长，官飞练就了过硬的维修电脑的本领。半年过去了，官飞工作很顺利。一天，官飞偶然间听到笔记本电脑在学生中很受欢迎，他便向经理建议挖掘这个潜在市场。

在随后的日子里，官飞开始卖笔记本电脑，并把市场越做越大，在短短一年的时间里，他居然成了公司里的销售明星。后来，经理被任命为集团的副总，官飞成了公司的副经理。

不难想象，如果官飞总是频繁地换工作，那到头来肯定一事无成。

美国政治家富兰克林曾说过这样一句话："有耐心的人，能得到他所期望看到的。"是的，一切成功都始于耐心。在现实生活中，没有一份工作是100%能让我们满意的，如果我们欠缺耐心，总是因为一点点不如意就频繁地跳槽，那只会影响我们职业生涯的连续性和经验的沉淀，同时也会影响到我们下一次的求职，毕竟，没有哪一家企业是不看重员工的稳定性的。

刘琳今年27岁，从上一份工作离职后，她一直忙着投简历，很快就有一家公司通知她面试，面试的岗位是行政文员。

当时，公司的人事主管仔细看了一下刘琳的应聘简历，不看还好，一看吓一跳。原来，在刘琳的工作经历一栏，密密麻麻地写了好几行字，人事主管仔细数了一下，目前为止，刘琳一共做了6份工作！

这个数字代表了什么？答案是不言而喻的。刘琳自毕业之后，平均不到一年的时间就换一份工作。当人事主管吃惊地问道："你之前做过6份工作是吗？"时，刘琳的神色还颇为得意，她自信满满地回道："是的，我做的这6份工作全都是行政文员，工作经验丰富，所以您完全不用担心我的工作能力！"

听了她的回答，人事主管有点哭笑不得。是啊，怎么能不担心呢？没有任何一家公司喜欢稳定性不强的员工，刘琳频繁跳槽的经历非但没有让她博得一个"工作经验丰富"的美称，反而让人事主管担心她的稳定性，甚至质疑她频繁跳槽的原因。

随即，当人事主管再三问起她频繁跳槽的原因时，她给出的答案是简简单单的四个字——我不喜欢。但对人事主管来说，"我不喜欢"四个字并不具备任何的说服力，反而还会从消极负面的角度来揣测刘琳跳槽的原因，是不是工作能力或是为人处世有问题。

在这几重顾虑和担忧之下，人事主管最终还是没有将公司行政文员的职位交到刘琳的手上。无奈之下，刘琳只得继续漫无尽头的求职之路。

可以看到，频繁的跳槽不仅让我们缺少职业储备，也会成为用人单位心中的"扣分"项。由此可见，跳槽有风险，跳前需谨慎，尤其是当我们不确定是否有一份更好的工作机会在等待自己时，我们更不应该轻易选择跳槽。

多一点耐心吧！罗马不是一天就能建成的，与其总想着跳槽，还不如安心本职岗位，多花点心思把工作做好，从而不断提高自己的本领，积攒更多宝贵的行业经验，最终在事业上做出一番不错的成绩，拥有一个辉煌灿烂的人生。

做事不能急于求成

古时候有个人，希望自己田里的禾苗长得快点，天天到田边去看。可是，一天、两天、三天，禾苗好像一点也没有长高。他就在田边焦急地转来转去，自言自语地说："我得想个办法帮它们长。"

一天，他终于想到了办法，就急忙跑到田里，把禾苗一棵一棵往高里拔。从中午一直忙到太阳落山，弄得筋疲力尽。当他回到家里时，一边喘气一边对儿子说："可把我累坏了，力气没白费，禾苗都长了一大截。"他的儿子不明白是怎么回事，跑到田里一看，发现禾苗都枯死了。

在当今职场上，很多人都有过这种心态，做事总想一步登天，以致忽略了很多需要用耐心去"浇注"的工作。所以，企业在评价这类员工时，通常都会用上两个字——"浮躁"，浮躁的人是做不好事情的，他们越是急于证明自己的能力，越是想要收获上司的认可，到最后越是会期望落空。

《三国志》中云："墉基不可仓卒而成，威名不可一朝而立。"这句话的意思是，城墙的基础不能匆匆忙忙打成，人的威名不可能一天就建立起来。

是的，操之过急往往会适得其反，所以，做任何一件事，我们都得用"焐热"石头的耐心去对待，这就跟小孩子学走路是同一个道理，小孩子如果不先学"扶墙走"，又怎么可能有以后的疾步快走呢？

西华·莱德先生是一位著名的作家兼战地记者，他曾在

1957年4月的《读者文摘》上撰文表示，他所收到的最好的忠告是"继续走完下一里路"。

在第二次世界大战期间，西华·莱德跟几个人不得不从一架破损的运输机上跳伞逃生，结果迫降到缅甸、印度交界处的树林里。如果等救援队前来援救，至少要好几个星期，那时可能就来不及了，只好自己设法逃生。当时，他们唯一能做的就是拖着沉重的步伐往印度走，全程长达140里，必须在8月的酷热和季风所带来的暴雨的双重侵袭下，翻山越岭长途跋涉。

才走了一个小时，西华·莱德的一只长筒靴的鞋钉刺到另一只脚上，傍晚时双脚都起泡出血，像硬币大小。看着布满伤痕的双脚，他开始怀疑自己是否能一瘸一拐地走完140里，他真的觉得自己快不行了，但别无选择，只能硬着头皮走下一里路……

幸运的是，他们最后逃生成功，平安回国。这件事给西华·莱德很大的触动，他终于明白，不管做什么事情，都要脚踏实地，只要继续走完下一里路，就会取得成功。

后来，西华·莱德推掉原有工作，开始专心写一本书，面对这项艰巨的任务，他总想一蹴而就，快点写完，可越是图快，他越是定不下心去写，差点就放弃了他一直引以为荣的教授尊严，也就是说几乎不想干了。

就在这时，他突然想到之前的那段逃生经历，于是沉下心来，一段一段地不停地写，在写的过程中，他只去想下一个段落怎么写，从不去想下一页怎么写，更不会去想下一章怎么写。半年后，出乎他意料的是，自己居然完成了这本书。

从这个故事中，可以看到：沉下心来，脚踏实地，按部就班地做下去，是把一件事情做成、做好的唯一方法，也是我们取得事业成功的必要前提。

我们著名的数学家华罗庚说过："面对悬崖峭壁，一百年也看不出一条缝来。但用斧凿，能进一寸进一寸，得进一尺进一尺，不断积累，飞跃必来，突破随之。"

是的，饭要一口一口吃，狼吞虎咽只会引起消化不良，路要一步一步走，步子迈得太大很有可能会栽跟头，而工作也要稳扎稳打，一步一个脚印，急于求成只会让人一事无成。心急吃不了热豆腐，但愿每一位职场人士都能明白这个道理，成就一番事业并非朝夕之间就能做到的，我们只有潜心修炼，踏踏实实把工作中的每一件事情做好，最后才有可能登上成功的高峰，一览众山小。

人生需要厚积薄发

春秋时，越王勾践夫妇曾被抓去做人质，去给夫差当奴役，从一国之君到为人仆役，这是多么大的羞辱啊。但勾践忍了，屈了。是甘心为奴吗？当然不是，他是在伺机复国报仇。

到了吴国后，他们住在山洞石屋里，夫差外出时，他就亲自为之牵马。有人骂他，也不还口，始终表现得十分顺服。

一次，吴王夫差病了，勾践在背地里让范蠡预测一下，得知此病不久便可痊愈。于是勾践去探望夫差，并亲口尝了尝夫差的粪便，然后对夫差说："大王的病不久就会好的。"夫差就问他为什么。

勾践就顺口说道："我曾跟名医学过医道，只要尝一尝病人的粪便，就能知道病的轻重，刚才我尝大王的粪便味酸而稍有点苦，所以您的病很快就会好，请大王放心！"果然，没过几天夫差的病就好了，夫差认为勾践比自己的儿子还孝敬，十分感动，就把勾践放回了越国。

勾践回国后，依旧过着艰苦的生活。一是为了笼络大臣和百姓；二是因为国力太弱，为养精蓄锐，报仇雪耻。他睡觉时连褥子都不铺，铺的是柴草，还在房中吊了一个苦胆，每天尝一口，为的是不忘所受的苦。

吴王夫差放松了对勾践的戒心，勾践正好有时间恢复国力，秣马厉兵，终于可以一战了。两国在五湖决战，吴军大败全输，勾践率军灭了吴国，活捉了夫差，两年后成为霸主，正所谓"苦心人，天不负，卧薪尝胆，三千越甲可吞吴"。在抵达目的地，取得成功前，通常都有一段蛰伏的时期，所谓蛰伏，就是指暗中忍耐，蓄积力量，等时机一到，就一飞冲天，一鸣惊人，扶摇直上九万里。

其实，并非只有像勾践这样的一国之君需要蛰伏，我们普通人要想在事业上做出一番成就，一样要学会蛰伏，学会戒急用忍，学会韬光养晦，于默默无闻中不断提高自己的能力，绝对不能沉不住气，做出毁掉自己事业前途的冲动之事。

小王是刚进公司的一名职员，来公司两个月了，连老板的面都没有见到，很多老员工上班时经常聊天或干其他的事情，一些日常业务上的事情都交给小王。小王虽然对此有些不满，但他还是把这些事情接下来了，毕竟这样可以学到许多业务上的技能，所以他决定忍耐一段时间，在这期间好好沉潜、努力。

有一天，公司召开紧急会议，老板要求业务部员工做工作汇报。大家都忙乱得一团糟，面对老板的提问，那些老员工显得有些力不从心，支支吾吾。因为他们对近来的业务方面实在是不熟悉，没有任何的准备，不知道老板会临时开会。

在场的员工中，只有小王对业务比较熟悉。轮到小王发言时，哪家公司进了多少货，回了多少货；哪家货发得比较好，客户有什么问题反馈等，小王都说得十分到位、有条理。

老板听了，很满意，问道："我怎么从来没有见过你？"

小王赶忙回答："我才来两个月，业务上还有许多不熟悉的地方，相信我以后一定会做得更好。"

不久，小王便获得了老板的赏识，半年后，他被提拔为业务部主管。

小王的故事无疑很有启发性，对于所有在职场奋战的人来说，要想实现自己的事业梦想，忍耐力是必不可少的要素之一。如果一个人缺乏忍耐力，那结果只能走向极端，走向失败。因此，我们必须在雄起前学会蛰伏，忍受各种难忍之事，只有这样，我们才能厚积薄发，有所作为，才能拿到开启成功之门的那把钥匙。

《菜根谭》中曰："伏久者飞必高，开先者谢独早，知此，可以免蹭蹬之忧，可以消躁急之念。"潜伏得越久的鸟，会飞得越高；花朵盛开得越早，凋谢得也会越快。明白了这个道理，不管从事何种工作，也不管工作当中遇到何种事情，我们都可以消除急躁求进的想法，都能沉得住气，继续把手中的事情做下去。

叶翔宇是一位博士，在找工作时，居然没有一家企业愿意聘用这位哈佛大学的高才生。

没有办法，叶翔宇决定换一种方法试试。他隐瞒了自己"海龟"的身份，去应聘程序录入员的工作。

不久，他就被一家软件公司录用了，做了一名程序录入员。

没过多久，项目主管发现，叶翔宇竟然能指出程序中的漏洞，这绝不是一般录入人员所能做到的。这时，叶翔宇拿出了自己的学士证书。主管很惊讶，觉得在自己的项目组里藏龙卧虎，很快就给他调换了一个与本科毕业生对口的工作。过了一段时间，项目经理发现，叶翔宇能对自己的项目提出不少有价值的建议，这比一般大学生水平要高很多。这时，叶翔宇亮出自己的硕士身份，项目经理又提升了他。一年过去了，老板在考核员工的时候，发现叶翔宇比一般的硕士有水平，工作很出色，就找他谈了谈。这时，叶翔宇拿出博士学位证明，并介绍了自己在公司的工作经历。老板了解情况后很惊讶，毫不犹豫地重用了叶翔宇。当我们身处低位时，不要灰心丧气，更不要愤愤不平，要知道，是金子总会发光的，只要我们能沉得住气，在岗位上不断努力，默默沉潜，经过一段时间的蛰伏，我们总会有机会展现出自己的超强才干，从而得到老板的赏识和重用。

欲速则不达

懂得做事不要急于求成，急于求成，事情终将酿成大错，只有一步一步地遵循事物发展的正常规律，想要做的每件事情才能够轻松地办好。做事不要一味地追求速度，不要贪图小利。如果单纯地追求做事的速度，不讲效果，最终也是很难达到自己想要的结果的；只顾眼前的小利，不讲长远利益，那么就什么事情也做不成。子夏是孔子的学生，有一年，子夏被派到莒父（现在的山东省莒县境内）去做地方官。临走之前，他专门去拜望老师，他向孔子请教说："请问先生，怎样才能治理好一个地方呢？"孔子十分深情地对子夏说："治理地方，是一件十分复杂的事。可是，只要抓住了根本，也就很简单了。"

孔子向子夏交代了应注意的一些事后，又再三嘱咐说："无欲速，无见小利。欲速，则不达；见小利，则大事不成。"

这则"欲速则不达"的谚语从此便流传了下来，被人们经常用来说明过于性急图快，反而适得其反，不能达到目的。

有一个小孩，很想知道蝴蝶如何从蛹壳里出来，变成蝴蝶而会飞的秘密。

有一天，他走到草地上看见一个蛹，便把它拿回了家，然后仔细地看着，过了几天之后，这个蛹裂出了一道痕，里面的蝴蝶开始挣扎，想挣破蛹壳向外面飞。

这个过程长达数小时之久，蝴蝶在蛹里面很辛苦地拼命挣扎，可是怎么也没法子飞出来。小孩看着于心不忍，就想不如让我帮帮它吧，便随手拿起剪刀把蛹的身体剪开，他想使蝴蝶破蛹而出。

蝴蝶虽然就这样出来了，可是因为翅膀不够有力，变得很臃肿，根本就无法飞起来。

过了很长时间，蝴蝶还是飞不起来，只能够在地面上爬。其实这是因为它没有经过自己奋斗，是人将蛹打开，然后出来这个过程所造成的结果。

所以，在做事情的时候，我们一定要遵循事物的规律，千万不能为了一时求快，而做出一些蠢事来，有句俗话这样说："只有瓜熟之时，蒂方才能够脱落；必须水到，方能渠成"讲的就是欲速则不达的道理。

欲速则不达，说的是在你不遵循事物发展的规律希望很快完成某件事情的时候，结果往往会达不到目的，反而还会欲快而慢。

比如上面的那只蝴蝶，如果通过自己的努力，最后将蛹打开飞出来，它便可以一飞冲天。但是这个小孩帮助它，用剪刀剪开蛹壳，蝴蝶轻而易举地出来了，可是它的翅膀没有经过在撕破蛹壳的过程中奋斗，是没有力度的。所以这个小孩想帮蝴蝶的忙，结果反而害了这只蝴蝶，是欲速则不达的结果。

这个故事，表面上来看是一个自然界生物很小的事实，可是放大至我们的人生，我们今时今日所做的事业，都必须有一个痛苦的挣扎、奋斗的过程，对于这样的过程其实就是将你锻炼得更坚强，使你成长得更有力的过程。

不要好高骛远

有一个24岁的年轻人，他毕业于名牌大学，能言善辩、才华横溢。在某公司的招聘专场上，他给公司老总留下了极深刻的印象。

当时他应聘的职位是销售总监，见多识广的老总也被他的雄心壮志吓了一跳：一个初出茅庐的年轻人居然敢应聘这么高的职位，是真有过人之才还是太狂妄？

在接下来的45分钟里，年轻人讲述了自己对工作的构想，听得老总直点头。

最后老总录取了他，让他先到销售部担任助理的工作，先从基层锻炼一下，再慢慢提升，其实这也是对他的一个试练。

可惜年轻人却未能体会老总的良苦用心，他觉得让自己当助理简直就是大材小用，决策型的人才被白白浪费了。因此，对于分给他的"小事"他根本就不曾用心去做，实用的知识、技能也不看在眼里。

就这样浑浑噩噩地过了5个月后，老总给了他一次表现的机会：全权组织一个促销活动，他觉得这只是小菜一碟，马上就开始组织。没想到看花容易绣花难，他不知道怎样培训促销员，不知道怎样和商场沟通，不知道怎样布置会场，不知道……

一个星期后，看着他交上来的惨淡的"成绩单"，老总叹了口气："我以为找到了良将韩信，没想到他其实是只会纸上谈兵的赵括。"

结果可想而知——年轻人很快就被公司辞退了。

某名牌大学外语系学生郭冬，快毕业时一心想进入大型的外资企业，最后却不得不到一家成立不到半年的小公司"栖身"。心高气傲的郭冬根本没把这家小公司放在眼里，他想利用试用期"骑马找马"。

在郭冬看来，这里的一切都不顺眼——不修边幅的老板，不完善的管理制度，土里土气的同事……自己梦想中的工作完全不是这么回事啊！

"怎么回事？"

"什么破公司？"

"整理文档？这样的小事怎么让我这个外语系的高才生做呢？"

"这么简单的文件必须得我翻译吗？"

"就一篇小报告而已，为什么自己不写要我帮忙呢？"

"唉，我受不了了！"

……

就这样，郭冬天天抱怨老板和同事，愁眉不展、牢骚不停，而实际的工作却常常是能拖则拖，能躲就躲，因为这些"芝麻绿豆的小事"根本就不在他的思考范围之内，他梦想中的工作应该是一言定千金的那种。呵，梦想为什么那么远呢。

试用期很快过去，老板认真地对他说："我们认为，你确实是个人才，但你似乎并不喜欢在我们这种小公司里工作，因此，对于手边的工作敷衍了事。既然如此，我们也没有理由挽留你。对不起，请另谋高就吧！"

被辞退的郭冬这才清醒过来，当初自己应聘到这家公司也是费了不少力气的，而且，就眼前的就业形势，再找一份像这样的工作也很困难啊！初次工作就以"翻船"而告终，这让郭冬万分失望与后悔，可一切都已晚矣！

郭冬看不起自己的工作，一心做着外企高级白领的美梦，结果梦想没成真，反倒弄砸了饭碗。成功不但要有理想，还要能脚踏实地地去工作，一个人如果眼高手低，不从实际出发，只懂得沉浸在宏伟的梦想里，那就叫作好高骛远。一个习惯于好高骛远的人，是不会有未来可言的。

在现实生活中，有些人总是有很高的梦想，但他们却无法脚踏实地地实现梦想。他们不屑于眼前的这些小事，旁人在他们眼中，也大多是一群庸庸碌碌之辈，谈不上有什么共同语言。但在最初交往时，人们往往会被他们表面的雄心壮志迷惑，老板也会认为他们是难得的栋梁之材。而事实上，他们眼高手低，大部分时间都沉浸在自己宏伟的梦想中，长此以往，他们不能也不会做出什么成就，曾经的雄心壮志难免会变成同事们茶余饭后的笑料。除非他们幡然悔悟、奋起直追，否则，等待他们的往往是慢慢沉沦，或者跳到其他的公司去继续发牢骚，即使这样，同样的悲剧也难免再次上演。

如果我们想在公司里出人头地，就应该将自己的梦想与公司的发展结合在一起。我们要从现在的任务做起，一步步认真而又执着地做下去；我们要认真地去拜访客户、调查市场，而且，无论做什么，都要自始至终在脑海中保持着梦想的远景。只有这样，我们才能把注意力集中在现在需要做的事情上，同时也与我们的梦想保持密切联系，使我们的每一次行动都在向心中的目标前进。当我们集中精力处理当前事务的时候，我们就已经开始成长。实现未来梦想的第一步，就是把当前的工作尽力做好，然后再满怀信心地去做下一个。

这样一来，不但你的心中会时时充满对工作的热爱，你也一定能在工作中体会到无穷的乐趣，逐渐取得越来越大的成就。当你的能力逐渐超过现在职位需要的时候，你就可以充满自信地向更高的职位前进了。一个成功的人总是满怀感激地生活、工作，同时在内心明确地保持着自己的理想。与其天天做白日梦或者失意地愤而退出，不如集中精力并且扎扎实实地努力工作；只有这样，才能更快更好地让你的梦想变成现实。到那时，周围的人一定会对你刮目相看，你将会充分实现自己的梦想和价值。

总之，好高骛远的习惯，对你有百害而无一利，它会让你变得浮躁，让你变成一个空想家，为了不让好高骛远的习惯毁了你，你就必须踏踏实实地去做好身边的每一件事。

危险之中要冷静

有一位妙龄女郎深夜返家，突然发觉后面紧跟着一名男子，她的心跳不由得加快了速度。在几度努力都没有摆脱跟踪的情况下，她急中生智，突然想起在路途中有一片墓地。于是，她快步走进墓地，在一座坟旁坐了下来，说道："终于到家了……"只见那名男子惊慌失措地飞奔而去！

以上是一则有趣的小故事，刻画了一个机智的女子在情急之下的临危不乱，沉着冷静而又机智地化解了一场潜在的危机。情况危急之时，人不能太急，否则容易自乱脚步，频出昏招。

有人面对危难之事狂躁发怒乱了方寸。而成功者总是临危不乱，沉着冷静理智地应对危局。之所以能这样，是因为他们能够冷静地观察问题，在冷静中寻找出解决问题的突破口。可见，让发热的大脑冷却下来对解决问题是何等重要。

思考决定行动的方向。那些成大事的人，都是正确思考的决策者。很显然成大事源自正确的决策，正确的决策源自正确的判断，正确的判断源自经验，而经验又源自我们的实践活动。人生中那些看似错误或痛苦的经验，有时却是最宝贵的财产。在你综观全局，果断决策的那一刻，你人生的命运便已经注定。两智相争勇者胜，成大事者之所以成功，在于他决策时的智慧与胆识，能够及时排除错误之见。正确的判断是成大事者一个需要经常训练的素养。为什么呢？因为没有正确的判断，就会面临更多的失败和危急关头。在失败和危急关头保持冷静是很重要的。在平常状况下，大部分人都能控制自己，也能作正确的决定。但是，一旦事态紧急，他们就自乱脚步，无法把持自己。

一位空军飞行员说："第二次世界大战期间，我独自担任F6战斗机的驾驶员。头一次任务是轰炸、扫射东京湾。从航空母舰起飞后一直保持高空飞行，然后再以俯冲的姿态滑落至目的地的上空执行任务。"

"然而，正当我以雷霆万钧的姿态俯冲时，飞机左翼被敌军击中，顿时翻转过来，并急速下坠。"

"我发现海洋竟然在我的头顶。你知道是什么东西救我一命的吗？"

"我接受训练期间，教官会一再叮咛说，在紧急状况时要沉着应对，切勿轻举妄动。飞机下坠时我就只记得这么一句话，因此，我什么机器都没有乱动，我只是静静地想，静静地等候把飞机拉起来的最佳时机和位置。最后，我果然幸运地脱险了。假如我当时顺着本能的求生反应，未待最佳时机就胡乱操作，必定会使飞机更快下坠而葬身大海。"他强调说，"一直到现在，我还记得教官那句话：'不要轻举妄动而自乱脚步；要冷静地判断，抓住最佳的反应时机。'"

面对一件危急的事，出于本能，许多人都会做出惊慌失措的反应。然而，仔细想来，惊慌失措非但于事无补，反而会添出许多乱子来。试想，如果是两方相争的时候，对方就会乘危而攻，那岂不是雪上加霜吗？

所以，在危急时刻，临危不乱，处变不惊，以高度的镇定，冷静地分析形势，那才是明智之举。

唐代宪宗时期，有个中书令叫裴度。有一天，手下人慌慌张张地跑来向他报告说他的大印不见了。为官的丢了大印，真是一件非同小可的事。可是裴度听了报告之后一点也不惊慌，只是点头表示知道了。然后，他告诫左右的人千万不要张扬这件事。

左右之人看裴中书并不是他们想象的一般惊慌失措，都感到疑惑不解，猜不透裴度心中是怎样想的。而更使周围人吃惊的是，裴度就像完全忘掉了丢印的事，当晚竟然在府中大宴宾客，和众人饮酒取乐，十分逍遥自在。

就在酒至半酣时，有人发现大印又被放回原处了。左右手下又迫不及待地向裴度报告这一喜讯。裴度依然满不在乎，好像根本没有发生过丢印之事一般。那天晚上，宴饮十分畅快，直到尽兴方才罢宴，然后各自安然歇息。

而下人始终不能明了裴中书为什么能如此成竹在胸。事后好久，裴度才向大家提到丢印当时的处置情况。他对左右说："丢印的缘由想必是管印的官吏私自拿去用了，恰巧又被你们发现了。这时如果嚷嚷开来，偷印的人担心出事，惊慌之中必定会想到毁灭证据。如果他真的把印偷偷毁了，印又从何而找呢？而如今我们处之以缓，不表露出惊慌，这样也不会让偷印者感到惊慌，他就会在用过之后悄悄放回原处，而大印也不愁不失而复得。所以我就如此那般地做了。"

从人的心理上讲，遇到突然事件，每个人都难免产生一种惊慌的情绪。问题是怎样想办法控制。

楚汉相争的时候，有一次刘邦和项羽在两军阵前对话，刘邦历数项羽的罪过。项羽大怒，命令暗中潜伏的弓弩手几千人一齐向刘邦放箭，一支箭正好射中刘邦的胸口，伤势过重痛得他俯下身。主将受伤，群龙无首。若楚军乘人心浮动发起进攻，汉军必然全军溃败。猛然间，刘邦突然镇静起来，他巧施妙计：在马上用手按住自己的脚，大声喊道："碰巧被你们射中了！幸好伤在脚趾，并没有重伤。"军士们听了顿时稳定下来，终于抵住了楚军的进攻。

西晋时，河间王司马颙、成都王司马颖起兵讨伐洛阳的齐王司马冏。司马同看到二王的兵马从东西两面夹攻京城惊慌异常，赶紧召集文武群臣商议对策。

尚书令王戎说："现在二王大军有百万之众，来势凶猛，恐怕难以抵挡，不如暂时让出大权，以王的身份回到封地去，这是万全之计。"王戎的话刚说完，齐王的一个心腹怒气冲冲地吼道："身为尚书理当共同诛伐，怎能让大王回到封地去呢？从汉魏以来王侯返国有几个能保全性命的？持这种主张的人就应该杀头！"

王戎一看大祸临头，突然说："老臣刚才服了点寒食散，现在药性发作要上厕所。"说罢便急匆匆走到厕所，故意一脚跌了下去，弄得满身屎尿臭不可闻。齐王和众臣看后都捂住鼻子大笑不止。王戎便借机溜掉，免去了一场大祸。

正因为王戎有冷静的头脑，才在危急之下身免一死。此事无疑给后人以启示：危急时刻要控制自己的心绪，沉着冷静，静中生计以求万全。

不积跬步无以至千里

达·芬奇小时候曾经向艺术家弗罗基俄求教，弗罗基俄看到达·芬奇聪明好学，就答应收他为徒，可是他只愿意让达·芬奇练习画鸡蛋。

达·芬奇练习一段时间后，就厌烦了，他对老师说自己是来学习真正的美术的，是学习那些复杂的东西，而不是画鸡蛋。

弗罗基俄听完后非常生气地说："鸡蛋虽然是最好画的东西，但是要真正画好它，却是一个艰巨的任务，因为天下没有一样的鸡蛋，而且角度和光线的不同，画出来的效果也不尽相同。只有把鸡蛋画好了，功夫才算到家，画起其他东西来，才能变得更加简单。"

达·芬奇听后恍然大悟，于是专心画鸡蛋，结果技艺很快得到提高，鸡蛋也越来越纯熟，等到鸡蛋画得非常完美时，老师对他说："你的画功已经到了一个很高的层次了，将来一定会成为了不起的画家。"果不其然，依靠画鸡蛋起家的达·芬奇很快成为世界级的美术大师。

现如今，很多人尤其是年轻人，个个都胸怀大志，满腔抱负，渴望做出一番大事业。其实，有这种理想和抱负是一件好事，可错就错在，有些人在做大事之前，对小事却不屑一顾。他们觉得小事太简单，含金量不高，不足以体现自己的能力，即便做成了小事，自己也没有多大的成就感可言。

但达·芬奇的故事却告诉他们，做好简单的小事是做成大事的前提。所以，一个人如果好高骛远，缺乏耐心，以为可以不经过程而直奔终点，不从卑俗而直达高雅，舍弃细小而直达广大，跳过近前而直达远方，那他将一事无成。

俗话说得好，一屋不扫，何以扫天下？工作也是同样的道理，成功永远都是从点滴小事做起的，只有耐心做好每一件简单的小事，我们才能打好基础，日后有能力、有机会去做大事，最后打造出令自己满意的职业生涯。

被评为"湖南省十大杰出青年农民"的刘九生，是靠做木梳起家的。刘九生高中毕业时正赶上父亲因不慎失足而摔成了残疾，他为了照顾家庭，放弃了高考回到家里，整日过着"面朝黄土背朝天"的生活。

年轻气盛的刘九生不安心这种一潭死水般的生活，梦想着有朝一日自己能够发家致富，创一番大事业。为此，刘九生曾做过多种生意，但总不能成功。刘九生的父亲有一手做木梳的手艺，劝他做木梳，可刘九生认为一个大男人，靠做小木梳有什么出息，不愿意学。

有一天，刘九生正坐在墙角叹气时，父亲走过来，心平气和地对他说："孩子，是我对不起你，耽误了你考大学。但三百六十行，行行出状元。如果你能把木梳做好，也可以发财啊，你如果愿意学，我明天就教你。要从小事做起，才能有大的成功。"

第二天，刘九生就跟父亲学起了做木梳。他专心致志地学，几天就学会了，但每天只能做几把木梳，他们家住的地方比较偏僻，拿到集市上去卖，价格很低，慢慢地刘九生有点灰心了。

但有一天，他到城里办事，发现城里一把木梳比家乡集市上要贵几毛钱，于是，他便挨家挨户去收购木梳，做起了木梳的批发生意。他很快就赚了五六万元钱，看到村里人手工做木梳靠的是传统的方法，生产速度慢，有时货源还短缺，他萌生了办一个木梳厂的想法。

厂子建起来了，他又四处寻找销路，1993年12月的一天，刘九生突然接到衡阳市一家公司老板打来的电话，说想订一些货经销，但不知木梳质量好坏，刘九生放下电话，一看手表，已经下午三点多钟了，如果公共汽车不晚点，今天还来得及把梳子送到那家公司……当刘九生走进这家公司时，正好碰上这家公司的员工下班，他的心猛地一沉，以为老板可能早就下班了！

正当他有点灰心丧气时，忽然发现一个夹着公文包的人从公司走了出来，他怀着碰碰运气的心情上前问道："请问××经理的办公室在哪里？"没想到那个人就是那位老板。他看到刘九生如此勤勉，十分感动，紧紧握住刘九生的手说："小伙子，你的精神感动了我，我相信你的梳子质量也是最好的。"这一笔生意，给刘九生带来了2万元的利润。

就这样，刘九生从简单的小事做起，凭着用心和刻苦，走上了事业成功的道路。后来，刘九生的"天天见"公司一跃成为全国最大的木梳生产企业之一，产品远销东南亚，公司总资产已达到3000万元。

从刘九生的经历中，我们能深刻地体会到"不积跬步无以至千里，不积小流无以成江海"这句话的含义。没错，罗马不是一天就能建成的，成功是一个循序渐进的过程，所以，要想做成大事，我们必须先沉下心来，把简单的小事做好。

鲁迅先生说过："巨大的建筑，总是由一木一石叠起来的，我们何妨做做这一木一石呢？我时常做些零碎的事，就是为此。"

不愿意从小事做起的人，即便怀揣着最大的梦想，也不过是在建造虚幻的空中楼阁，而如果我们想要一个辉煌的人生，那就不能这样好高骛远、不切实际，而是要一砖一瓦，踏实做好眼前的小事，如此日积月累中，大事自然也就做成了。